本书由

大连市人民政府资助出版

The published book is sponsored

by the Dalian Municipal Government

大连理工大学学术文库

双金属钴配合物催化二氧化碳与内消旋环氧烷烃共聚

Shuang Jinshu Gu Peihewu Cuihua Eryanghuatan yu Neixiaoxuan Huanyangwanting Gongju

刘 野 著

大连理工大学出版社

图书在版编目(CIP)数据

双金属钴配合物催化二氧化碳与内消旋环氧烷烃共聚/刘野著. — 大连：大连理工大学出版社，2018.7
(大连理工大学学术文库)
ISBN 978-7-5685-1598-6

Ⅰ. ①双… Ⅱ. ①刘… Ⅲ. ①二氧化碳—生物降解—研究 Ⅳ. ①O613.71

中国版本图书馆 CIP 数据核字(2018)第 150863 号

大连理工大学出版社出版
地址:大连市软件园路 80 号　邮政编码:116023
电话:0411-84706041　邮购:0411-84708943　传真:0411-84706041
E-mail:dutp@dutp.cn　URL:http://www.dutp.cn
大连金华光彩色印刷有限公司印刷　大连理工大学出版社发行

幅面尺寸:155mm×230mm　印张:13.75　字数:191 千字
2018 年 7 月第 1 版　2018 年 7 月第 1 次印刷

责任编辑:逄东敏　陈　玫　责任校对:来庆妮
封面设计:孙宝福

ISBN 978-7-5685-1598-6　定　价:45.00 元

Dalian University of Technology Academic Series

Dinuclear Cobalt-Complex-Mediated Copolymerization CO_2 with *meso*-Epoxides

Liu Ye

Dalian University of Technology Press

序

教育是国家和民族振兴发展的根本事业。决定中国未来发展的关键在人才,基础在教育。大学是培育创新人才的高地,是新知识、新思想、新科技诞生的摇篮,是人类生存与发展的精神家园。改革开放三十多年,我们国家积累了强大的发展力量,取得了举世瞩目的各项成就,教育也因此迎来了前所未有的发展机遇。国内很多高校都因此趁势而上,高等教育在全国呈现出欣欣向荣的发展态势。

在这大好形势下,我校本着"海纳百川、自强不息、厚德笃学、知行合一"的精神,长期以来在培养精英人才、促进科技进步、传承优秀文化等方面进行着孜孜不倦的追求。特别是在人才培养方面,学校上下同心协力,下足功夫,坚持不懈地认真抓好培养质量工作,营造创新型人才成长环境,全面提高学生的创新能力、创新意识和创新思维,一批批优秀人才脱颖而出,其成果令人欣慰。

优秀的学术成果需要传播。出版社作为文化生产者,一直肩负着"传播知识,传承文明"的历史使命,积极推进大学文化建设和大学学术文化传播是出版社的责任。我非常高兴地看到,我校出版社能够始终抱有这种高度的使命感,积极挖掘学校的学术出版资源,以充分展示学校的学术活力和学术实力。

在我校研究生院的积极支持和配合下,出版社精心策划和编辑出版的"大连理工大学学术文库"即将付梓面市,该套丛书也获得了大连市政府的重点资助。第一批出版的是获得"全国百优博士论文"称号的6篇博士论文。这6篇论文体现了化工、土木、计算力学等专业的学术培养成果,有学术创新,反映出我校近几年博士生培养的水平。

评选优秀学位论文是教育部贯彻落实《国家中长期教育改革和发展规划纲要》、实施辽宁省"研究生教育创新计划"的重要内容，是提高研究生培养和学位授予质量，鼓励创新，促进高层次人才脱颖而出的重要举措。国务院学位办和省学位办从1999年开始首次评选，至今已开展14次。截至目前，我校已有7篇博士学位论文荣获全国优秀博士学位论文，30篇博士学位论文获全国优秀博士学位论文提名论文，82篇博士学位论文获辽宁省优秀博士学位论文。所有这些优秀博士学位论文都已被列入“大连理工大学学术文库”出版工程之中，在不久的将来，这些优秀论文会陆续出版。我相信，这些优秀论文的出版在传播学术文化和展示研究生培养成果的同时，一定会在全校范围内营造出一个在学术上争先创优的良好氛围，为进一步提高学校的人才培养质量做出重要贡献。

博士生是我们国家学术发展最重要的力量，在某种程度上代表了国家学术发展的未来。因此，这套丛书的出版必然会有助于孵化我校未来的学术精英，有效推动我校学术队伍的快速成长，意义极其深远。

高等学校承担着人才培养、科学研究、服务社会、文化传承与创新四大职能任务，人才培养作为高等教育的根本使命一直是重中之重。2012年辽宁省启动了“大连理工大学领军型大学建设工程”，明确要求我们要大力实施“顶尖学科建设计划”和“高端人才支撑计划”，这给我校的人才培养提供了新的机遇。我相信，在全校师生的共同努力下，立足于持续，立足于内涵，立足于创新，进一步凝心聚力，推动学校的内涵式发展；改革创新，攻坚克难，追求卓越，我校一定会迎来美好的学术明天。

中国科学院院士

2013年10月

前　言

内消旋环氧烷烃的去对称开环是构建具有两个手性中心有机化合物的重要方法之一，在手性药物制备和天然产物全合成领域具有广泛的应用。当这样一种策略用于CO_2与内消旋环氧烷烃的不对称交替共聚反应时，就可能形成主链具有手性的立构规整性聚碳酸酯（CO_2共聚物）。尽管世界上诸多课题组开展了这方面的探索，但是进展缓慢，主要问题是催化体系效率低、反应立体选择性差和内消旋环氧烷烃种类少。

本书全面系统地阐明了基于联苯的双金属钴配合物催化的二氧化碳和内消旋环氧烷烃的不对称交替共聚反应，制备具有结晶性和功能性的全同结构聚碳酸酯，极大提高了聚合物的热力学稳定性，并从配合物的晶体结构分析、共聚过程的动力学特征以及聚合反应的理论研究入手，提出了此共聚过程的机理和立体化学控制的关键因素。

首先，本书研究了基于联苯的含有两个手性环己二胺骨架的双金属钴配合物与PPNX[PPN为双(三苯基正膦基)亚胺正离子，X为2,4-二硝基苯酚根负离子]组成的双组分催化体系对内消旋的环氧环戊烷、环氧环己烷、顺-2,3-环氧丁烷和2,3-环氧-1,2,3,4-四氢化萘与CO_2去对称共聚反应，通过考察双金属钴配合物的3-位取代基位阻、反应温度、CO_2压力及溶剂等因素的影响，制备出具有完美全同结构的CO_2共聚物。对该CO_2共聚物进行热力学研究发现，高立构规整性的环氧环戊烷、顺-2,3-环氧丁烷的CO_2共聚物是无定形高分子材料，玻璃化转变温度T_g分别为85 ℃和71 ℃，而环氧环己烷的CO_2共聚物是结晶性高分子材料，结晶温度T_c为234 ℃，结晶放热焓ΔH_c高达−22 J/g，熔融温度T_m为272 ℃，熔融吸热焓ΔH_m为25 J/g。值得一提的是，2,3-环氧-1,2,3,4-四氢化萘的CO_2共聚物高达150 ℃的T_g非常接近双酚A聚碳酸酯的玻璃化转变温度。

其次，本书发现该双金属钴配合物与PPNX组成的催化体系对内消旋的3,4-环氧四氢呋喃与CO_2去对称共聚具有高的活性与对映选择性，制备出具有完美全同结构的CO_2共聚物。差示扫描量热(DSC)和广角X射线衍射(WAXD)测试表明，单一构型的聚合物具有271 ℃的熔点，在2θ为18.1°、19.8°、23.3°出现尖而强的衍射峰。通过3,4-环氧四氢呋喃和环氧环己烷(环氧环戊烷)与CO_2的三元共聚反应，制备出具有高立构规整性的随机和结晶梯度的CO_2共聚物。随机的CO_2共聚物是无定形材料，T_g为126 ℃，结晶梯度的CO_2共聚物具有结晶和无定形的链段，DSC上出现241 ℃的T_m和106 ℃的T_g。将具有相反构型、全同结构的(*R*)-和(*S*)-CO_2共聚物进行物理共混合，让其发生分子间自组装，可以制备结晶性的立体复合物。

再次，基于联苯的双金属钴配合物对内消旋3,5-二氧杂环氧烷烃与CO_2去对称共聚具有高的活性和对映选择性，发现环氧烷烃4-位取代基对获得的CO_2共聚物的熔点有较大影响(179～257 ℃)。选用4,4-二甲基-3,5,8-三氧杂-双环[5.1.0]辛烷为模式环氧烷烃，考察了温度、压力和不同结构的催化剂对其与CO_2去对称共聚反应的影响，发现高立构规整性的CO_2聚合物具有242 ℃的T_m，而无规的共聚物具有接近140 ℃的T_g。经过简单的水解反应，3,5-二氧杂环氧烷烃的CO_2共聚物可以脱去缩酮保护基，制备出含有羟基的、可功能化的CO_2共聚物，以DBU(1,8-二氮杂二环[5.4.0]十一碳-7-烯)为催化剂，该羟基可以引发丙交酯开环聚合，制备出主链是聚碳酸酯，支链是聚丙交酯的新型梳状生物可降解性高分子材料。

最后，本书详细研究了此双金属钴配合物催化的内消旋环氧烷烃与CO_2去对称共聚反应的立体化学控制机理，基于动力学实验和单晶结构分析，提出了腔内双金属协同机理和腔外单金属机理的反应过程。通过密度泛函理论计算，揭示了取代基对反应立体选择性和活性的影响以及共聚反应的立体诱导方向。同时，阐明了离子型助剂和溶剂在共聚反应中的作用，并发现有机碱可以改变环氧烷烃与双金属钴配位的环境，实现双金属和单金属机理的调变。

限于时间和作者的能力，本书难免有不当之处，恳请读者批评指正。

本书获得大连市人民政府资助出版，在此深表谢意！

编　者

2018 年 5 月

目　录

Table of Contents

1　内消旋环氧烷烃的去对称化反应

1.1　环氧烷烃手性转化的意义

环氧烷烃作为一种常见的工业原料，在化学化工、农药、医药、高分子等诸多领域具有重要的应用。工业上应用最广泛的环氧烷烃是环氧乙烷和环氧丙烷，目前环氧烷烃的应用不仅仅局限在杀毒、灭菌等领域，将其转化为高附加值的精细化学品得到越来越多的重视[1]。

应用手性催化剂，可以实现环氧烷烃的不对称催化转化，合成高对映体过量的小分子和具有立构规整性的聚合物。例如，在基于手性联萘的双金属钴配合物作用下，可以实现环氧烷烃的均聚，制备全同结构的聚醚[2]，应用其与 CO_2 交替共聚可以制备具有光学活性的聚碳酸酯。由于该聚合反应具有原子经济性、不产生污染物等绿色化学特征，已经得到科学界的广泛认可[3,4]。因此，实现环氧烷烃的手性转化意义重大。

1.2 金属配合物催化的内消旋环氧烷烃去对称开环反应

用于不对称催化的环氧烷烃可分为两大类，一类是外消旋的端位环氧烷烃，在手性金属催化剂作用下，此类底物可以通过动力学拆分过程，获得一种构型的光学活性开环产物和对映体过量的环氧烷烃。另一类是内消旋环氧烷烃，由于具有一个对称面，在手性催化剂作用下，此类底物可以实现去对称化过程(图 1.2.1)。在亲电试剂(多为路易斯酸)存在下，环氧烷烃的氧原子容易与缺电子的路易斯酸作用，实现环氧烷烃的活化；而体系中存在的亲核试剂会对活化的环氧烷烃亲核加成，形成开环产物。以内消旋环氧烷烃为底物，当所用的亲电或亲核试剂具有手性环境，那么此过程可以构建具有两个手性中心的不同构型的两个开环产物，这两个手性物质的物质的量决定了不对称诱导的效果。该反应是为数不多的一次性构建两个手性中心的不对称催化反应，对映体过量的开环产物是合成生物活性小分子或者配体的基石，在天然产物全合成、手性药物中间体制备和不对称催化领域都具有广泛的应用。

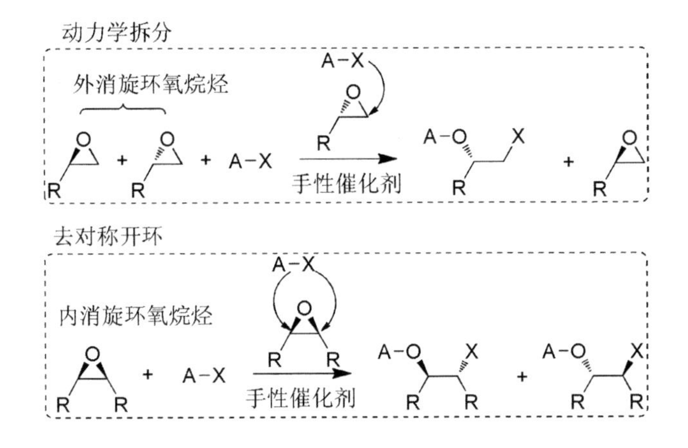

图 1.2.1 外消旋环氧烷烃的动力学拆分和内消旋环氧烷烃的去对称化反应

Fig. 1.2.1 Kinetic resolution of *rac*-epoxide and desymmetrization reaction of *meso*-epoxide

早在 1985 年，Yamashita 等应用手性酒石酸锌催化硫醇对环氧环己烷(CHO)的不对称开环，通过比较不同硫醇对开环反应的活性和立体选择性，发现产物的对映选择性(*ee* 值)在 52%～85%。其中，效果最好的亲核试剂是正丁基硫醇，在 25 ℃，使用 10%催化剂，得到产物的 *ee* 值高达 85%。虽然，此催化体系存在活性低、立体选择性差等缺陷，但它开辟了一个新的研究方向，之后科学家们开发了诸多催化体系用于这一反应[5]。作为路易斯酸的亲电试剂较多，例如，铬、钴、锌、镓、锆、镁、钛、钪、钇等金属配合物，而亲核试剂也不仅局限于硫醇，目前可以实现该反应的亲核试剂主要有以下几类：(1)氮亲核试剂：Me_3SiN_3，R^1R^2NH；(2)碳亲核试剂：

Me_3SiCN，PhLi；(3)硫亲核试剂：^nBuSH，$ArCH_2SH$，ArSH；(4)卤素亲核试剂：Me_3SiCl，Me_3SiBr，Et_3N-3HF，HF-吡啶；(5)氧亲核试剂：PhCOOH，ROH，H_2O 等(图 1.2.2)。本章以亲核试剂分类，介绍内消旋环氧烷烃去对称开环反应的进展情况。

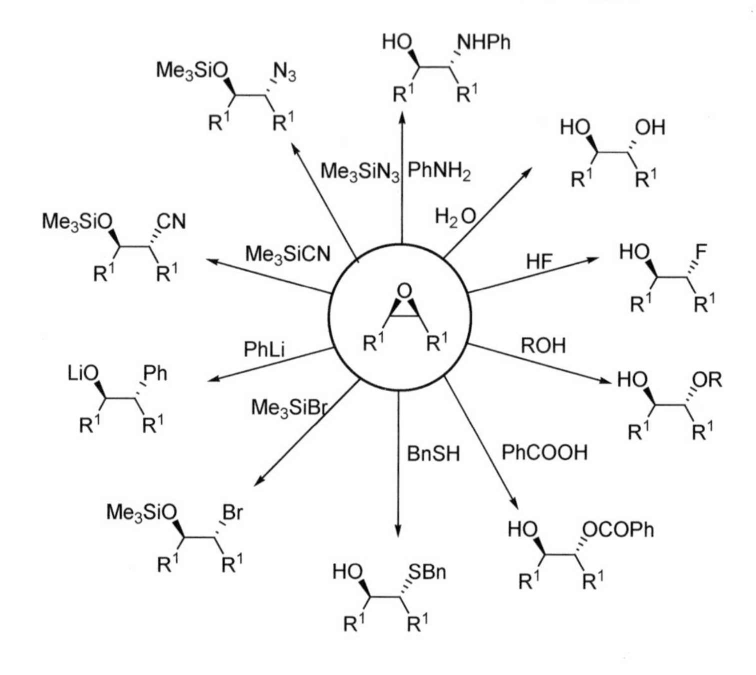

图 1.2.2　内消旋环氧烷烃的去对称化反应

Fig. 1.2.2　Desymmetrization reaction of *meso*-epoxide

1.2.1　氮亲核试剂

常见的氮亲核试剂主要有两类，一类是三甲基叠氮硅烷 Me_3SiN_3($TMSN_3$)，由于其亲核能力较强，研究比较广泛，常与手性铬、铬等金属配合物搭配催化内消旋环氧烷烃的去对称化开环，其开环产物是β-叠氮基三甲基硅醚，可以转化为β-氨基醇。另一类氮亲核试剂是有机胺，其开环反应产物是β-氨基醇，高对映体过量β-氨基醇在有机合成中具有广泛的应用，是重要的有机医药小分子[6]。

20世纪90年代初，美国杜邦公司Nugent等人在该领域开展了出色的研究工作。以(S)-1-氨基-2-丙醇为原料，通过与手性环氧丙烷的开环反应，得到具有三手性中心的配体，再经过金属化、水处理得到具有C_3轴的(*S*,*S*,*S*)-$(L\text{-}Zr\text{-}OH)_2\cdot HO^tBu$配合物，发现此配合物可以催化三甲基叠氮硅烷或者二甲基异丙基叠氮硅烷对内消旋环氧烷烃的不对称开环，得到中等产率和*ee*值的β-叠氮基硅醚(图1.2.3)[7]。随后，该课题组对此反应机理进行了研究，发现该配合物在溶液中存在二聚体和四聚体的平衡，而二聚体是真正的活性物种。通过动力学实验、非线性效应和控制实验等手段阐明了开环机理，反应是通过双金属锆的协同作用完成，即一个金属中心活化的叠氮基团进攻另一分子金属活化的环氧烷烃。如果在反应过程中另一个亲核试剂(例如卤素)将叠氮基团取代，并且此取代过程的速率快于叠氮基团的开环速率，那么就会得到卤素对应的开环产物。正如期望的那样，在体系中加入过量的烯丙基溴可以成功抑制叠氮开环产物，从而得到β-溴代硅醚，对映体选择性与叠氮硅烷亲核试剂开环产物相当[8,9]。

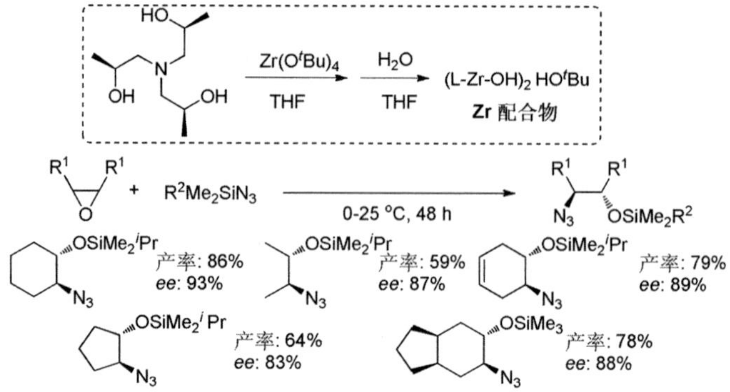

图 1.2.3 金属锆配合物催化的内消旋环氧烷烃去对称开环反应

Fig. 1.2.3 Desymmetrization ring opening of *meso*-epoxide catalyzed by Zr complex

20 世纪 90 年代初，哈佛大学的 Zhang 等将手性Mn(Ⅲ)-Salen 配合物(Salen 结构如图 1.2.4 所示)应用于烯烃的不对称环氧化，取得了突破性成果[10-12]。在不对称环氧化过程中，烯烃在金属 Salen 配合物一侧接近氧源，此过程和环氧烷烃活化过程极其相似，那么 Salen 配合物的手性环境是否可以识别内消旋环氧烷烃不同构型的手性碳原子，从而实现环氧烷烃的不对称开环呢？通过对金属的筛选，发现以 SalenCr(Ⅲ)Cl 为亲电试剂，$TMSN_3$ 为亲核试剂，可以实现内消旋环氧烷烃高活性、高立体选择性去对称化开环。

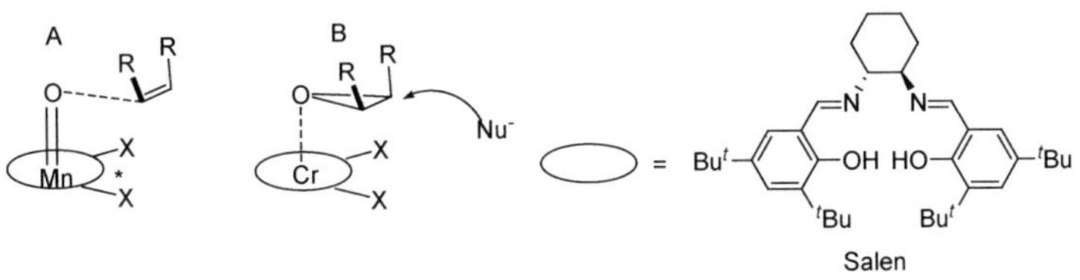

(A)烯烃不对称环氧化的单体接近金属模型;(B)环氧烷烃不对称开环单体活化模型

图 1.2.4 手性 Salen 配合物催化模型

Fig. 1.2.4 Catalytic model of chiral salen complex

在室温条件下,(*R*,*R*)-SalenCr(Ⅲ)Cl 可以高活性、高立体选择性催化一系列内消旋底物的去对称开环反应。环氧烷烃的位阻和电子效应对催化活性和立体选择性影响较大,例如,环氧环戊烷及其衍生物的不对称开环立体选择性最好,但环氧环己烷相对较差,而环氧环庚烷、环氧环辛烷的立体选择性很低,甚至完全不反应。值得一提的是,该 SalenCr(Ⅲ)Cl 配合物稳定性高,经过多次催化循环,仍旧具有高的催化活性和立体选择性(图 1.2.5)[13,14]。

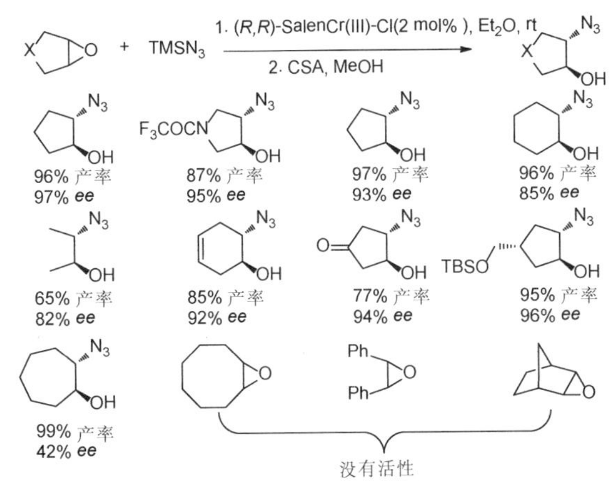

图 1.2.5 金属铬配合物催化的内消旋环氧烷烃去对称开环反应

Fig. 1.2.5 Desymmetrization ring opening of *meso*-epoxides catalyzed by chromium complex

随后，Jacobsen 对 SalenCr(Ⅲ)Cl 配合物催化环氧烷烃去对称开环反应机理开展了详细的研究。通过对比实验、中间体分离、动力学实验等验证了反应的活性物种是 SalenCr(Ⅲ)N_3，反应经过双金属协同过程完成，提出如图 1.2.6 所示的反应机理[15]。之后，Konsler 开发了一系列双金属 SalenCr(Ⅲ)Cl 配合物，主要通过两种连接方式在同一分子内实现双金属，一种是通过胺骨架将两个 Salen 以头-头的方式连接，一种是通过酚的 5-位以不同长度的酯基实现连接，这种方式两个 Salen 是以头-尾方式排布(图 1.2.7)[16]。

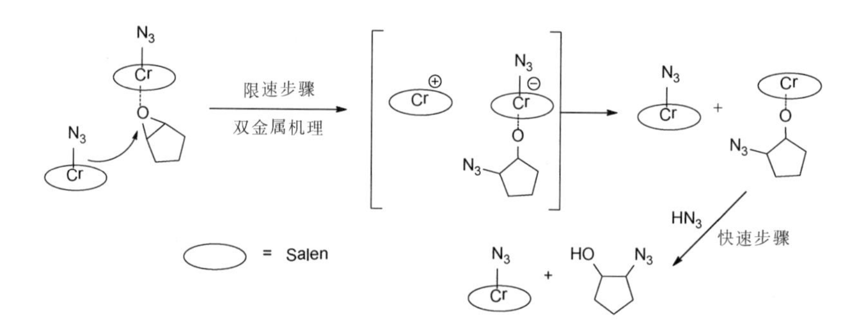

图 1.2.6　SalenCr(Ⅲ)N_3配合物催化环氧烷烃开环机理

Fig. 1.2.6　Mechanism of the ring opening of epoxide catalyzed by SalenCr(Ⅲ)N_3

应用浓度为 10^{-3} mol/L 双金属配合物 1，以三甲基叠氮硅烷为亲核试剂，催化环氧环戊烷不对称开环的 *ee* 值仅为 8%，而单金属配合物 2 的 *ee* 值却高达 90%，这说明，配合物 1 上两个 Salen 通过头-头的连接方式不利于立体选择性控制。但是，通过头-尾连接

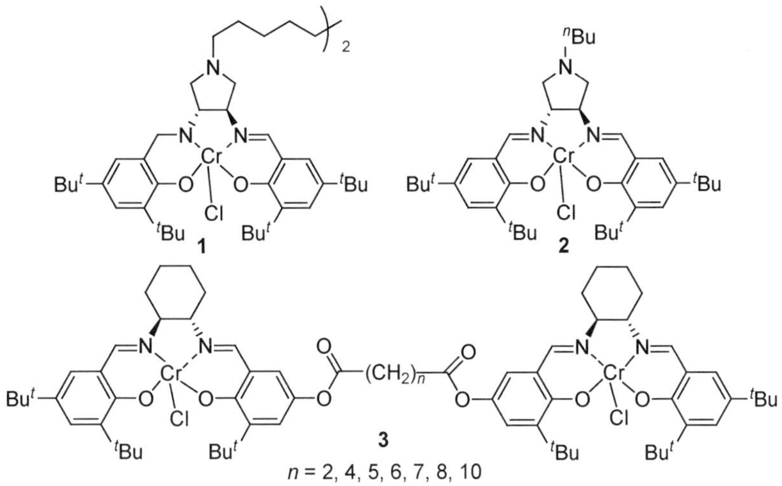

图 1.2.7 用于环氧烷烃去对称开环的双金属 SalenCr(Ⅲ)Cl 配合物

Fig. 1.2.7 Bimetallic SalenCr(Ⅲ)Cl complexes for the desymmetrization ring opening of epoxides

的双金属配合物 3 展现了与单金属配合物相近的立体选择性，通过动力学实验，发现反应速率 $v = k_{\mathrm{intra}} + k_{\mathrm{inter}}{}^{2}$，其中 k_{intra}代表分子内的反应速率常数，而 k_{inter}代表分子间的反应速率常数，对于单金属配合物，k_{intra}等于 0，而 k_{inter}在0.6左右，表明反应主要通过分子间的双金属协同完成。而对于双金属配合物 3，k_{intra}最高达 42.9，说明该配合物催化环氧烷烃开环的机理是分子内的协同作用，并且这种头-尾的排布方式有利于开环反应的立体选择性控制[16]。

早在 1994 年，Meguro 等就应用 $Yb(OTf)_3$催化环氧烷烃的胺解开环反应制备 β-氨基醇，但是配体不涉及手性，反应不具有对映选择性[17]。直到 1998 年，Hou 等人应用 $Yb(OTf)_3$和(*R*)-BINOL

原位催化内消旋环氧烷烃的胺解开环，利用苯胺为亲核试剂，在−78 ℃下，实现了环氧环己烷的胺解反应，对映体选择性达到80%，但是对其他内消旋环氧烷烃的对映选择性不是很理想[18]。虽然稀土金属催化内消旋环氧烷烃的不对称诱导效果相对较差，但是由于具有高的催化活性和结构容易修饰等优点，受到了越来越多的关注。

由于 $Yb(OTf)_3$配合物可以高活性催化内消旋环氧烷烃开环反应，Schneider 等人将手性联吡啶配体和 $Sc(OTf)_3$巧妙地结合起来，用于内消旋环氧烷烃的去对称胺解反应(图 1.2.8)。使用10%的 $Sc(OTf)_3$和联吡啶配体，以 CH_2Cl_2为溶剂，在室温下可以高活性、高对映体选择性实现顺-1,2-二苯基环氧乙烷的不对称胺解，开环产物的 *ee* 值高达 93%，并且此反应对芳香族胺有很好的适用性，而对于脂肪胺基本没有活性。此外，环氧烷烃多带有苯环取代基团，对于环氧环己烷和顺-2,3-环氧丁烷的立体选择性较差[19]。与此相类似，2012 年，Plancq 等人报道了高氯酸铁/联吡啶原位催化顺-1,2-二苯基环氧乙烷的不对称胺解开环，反应的对映体选择性高达 95%，对于不同的芳香胺都具有很好的收率和对映体选择性。但是，此催化体系底物适用性不好，对于脂肪胺、非苯环取代的环氧烷烃的不对称开环并没有涉及[20]。

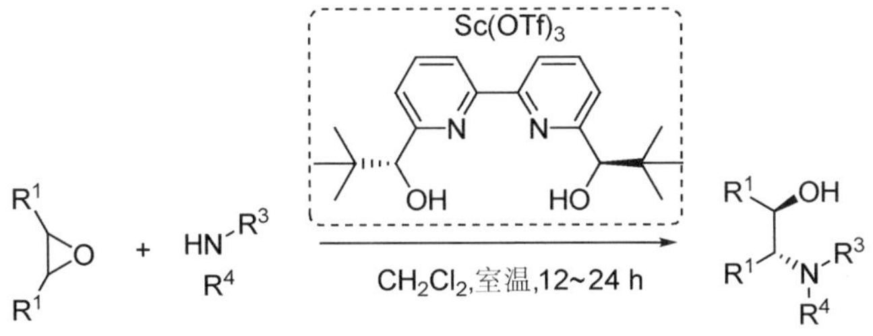

图 1.2.8　$Sc(OTf)_3$催化的内消旋环氧烷烃的去对称胺解反应

Fig. 1.2.8　Desymmetrization aminolysis ring opening of *meso*-epoxide catalyzed by $Sc(OTf)_3$

2007 年，Arai 等人应用金属铌的氧化物和四配位的 BINOL 原位催化内消旋环氧烷烃的去对称胺解反应(图 1.2.9)，以环氧环己烷和苯胺为模式化合物，考察配体的取代基、金属铌的氧化物、溶剂、温度等条件，发现当采用 $R^3 = H$，$R^4 = {}^iPr$ 配体和 $Nb(O^iPr)_5$，以 CH_2Cl_2 和甲苯为混合溶剂，在 0 ℃可以实现环氧环己烷的不对称胺解，产率为 90%，*ee* 值为 68%。该催化体系对脂环族内消旋环氧烷烃具有高的产率和对映选择性，对于不同的胺，也取得了很好的催化效果，但是对脂肪族内消旋环氧烷烃的开环反应产率不高，值得一提的是，该催化体系对 1,2-二取代非对称的环氧烷烃具有较好的区域选择性和对映体选择性，遗憾的是，作者并没有对该催化体系进行详细的机理研究[21]。

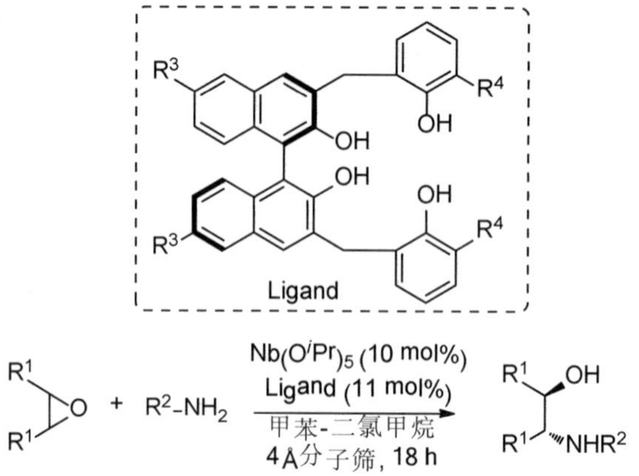

图 1.2.9 铌/BINOL 催化的内消旋环氧烷烃去对称胺解反应

Fig. 1.2.9 Desymmetrization aminolysis ring opening of *meso*-epoxide catalyzed by Nb/BINOL

作为特别重要的 C_4 基石，顺式或者反式的 1-氨基丁烷-1，3，4-三醇（ABT）是合成植物鞘氨醇[22]、他汀类[23]、奈非那韦[24,25]等药物的重要前体，在生物医药领域具有特别重要的应用。2008 年，Bao 等人报道了 BINOL/Ti(O^iPr)$_4$/H_2O 催化体系可以催化 4，4-二甲基-3，5，8-三氧杂-双环[5.1.0]辛烷的胺解开环，对苄胺、异丙基胺、叔丁基胺和正丁基胺都具有高的活性和对映选择性（图 1.2.10）。通过控制实验、非线性效应、核磁研究、质谱检测以及对配体的考察筛选，提出可能的反应机理：两分子的配体与一分子的金属钛形成活性物种，苄胺除了作为反应的亲核试剂，还起到防止配体二聚和促进产物释放的作用，而水在催化循环中作为质子穿梭剂，会促进胺对环氧烷烃的开环过程[26]。

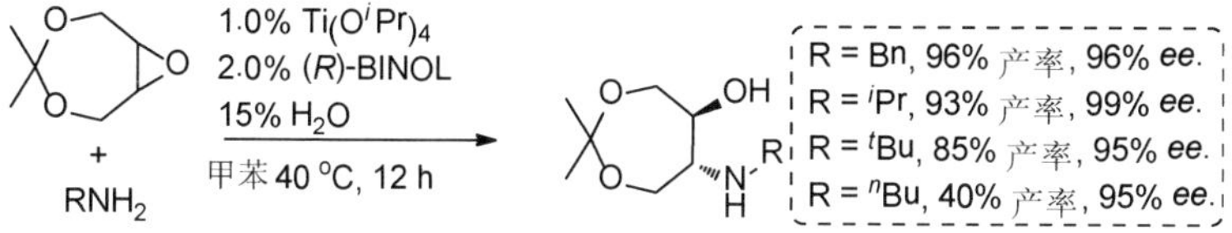

图 1.2.10 BINOL/Ti(O^{i}Pr)$_4$/H_2O 催化 4,4-二甲基-3,5,8-三氧杂-双环[5.1.0]辛烷的去对称胺解反应

Fig. 1.2.10 Desymmetrization aminolysis ring opening of 4,4-dimethyl-3,5,8-trioxa-bicyclo[5.1.0]octane catalyzed by BINOL/Ti(O^{i}Pr)$_4$/H_2O

2010 年,Bao 应用(*R*)-H_4-BINOL/$MgBu_2$ 催化内消旋环氧烷烃的不对称胺解反应,以环氧环己烷、苯胺为模式底物,通过考察反应温度、溶剂、时间、添加剂、BINOL 的取代基、催化剂负载量对反应活性和对映选择性的影响,优化出最佳的反应条件,以(*R*)-H_4-BINOL (1.0%)和 $MgBu_2$(1.3%)为催化剂,甲苯为溶剂,催化异丙胺对环氧环己烷的去对称胺解反应,产率达到 90%,*ee* 值达到 94%。此外,Bao 等人还发现脂肪胺胺解产物的 *ee* 值要高于芳香胺。但是,将此催化体系应用于其他内消旋环氧烷烃的去对称胺解反应的效果不理想,产率:46% ~ 90%,*ee* 值:81% ~ 90%(图 1.2.11)[27]。

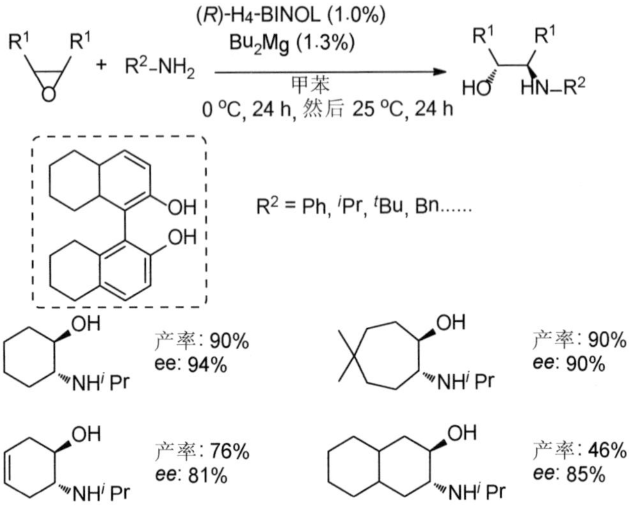

图 1.2.11 (*R*)-H_4-BINOL/$MgBu_2$催化的内消旋环氧烷烃去对称胺解反应

Fig. 1.2.11 Desymmetrization aminolysis ring opening of *meso*-epoxides catalyzed by (*R*)-H_4-BINOL/$MgBu_2$

1.2.2 碳亲核试剂

最常见的碳亲核试剂是三甲基氰硅烷(TMSCN),相对于三甲基叠氮硅烷,其亲核性较弱,但合成简单、安全、价格便宜,TMSCN对环氧烷烃的开环产物是β-氰基硅醚,可以转化为药物中间体γ-氨基醇。另一类常见的碳亲核试剂是烷基锂盐,最常用的是苯锂,开环产物是烷基取代的叔醇,由于锂盐具有强的亲核性,开环反应多需要在低温下进行。

(1)三甲基氰硅烷(TMSCN)

早在1996年,Cole和Shimizu等人开发了基于二肽的Salen

配合物，其配体以氨基酸为基石，存在手性环境容易修饰，原料便宜易得和环境友好等特征，并且，其连接的 Salen 结构也具有容易修饰的特征，使此类配体具有很大的调控空间。通过筛选氨基酸种类和 Salen 的取代基，发现配体 **L1** 与 $Ti(O^iPr)_4$ 可以催化 TMSCN 对环氧环己烷的不对称开环，产物的 *ee* 值高达 86%。对于不同的底物，通过筛选二肽配体，三甲基氰硅烷都可以高立体选择性实现其不对称开环反应(图 1.2.12)[28,29]。

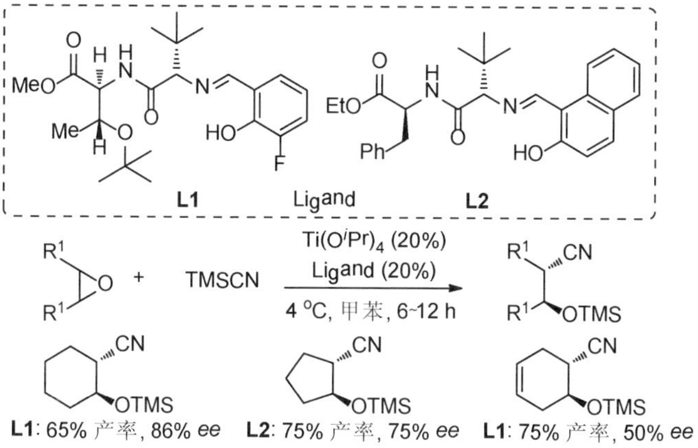

1.2.12　金属钛催化的三甲基氰硅烷对内消旋环氧烷烃的去对称开环反应

Fig. 1.2.12　Desymmetrization ring opening of *meso*-epoxides with TMSCN catalyzed by titanium complex

2000 年，Schaus 等报道了 Pybox/$YbCl_3$ 催化的 TMSCN 对内消旋环氧烷烃的去对称开环反应。通过考察 Pybox 上取代基、稀土金属的类别、反应温度对环氧环己烷开环反应立体选择性的影响，发现在 −45 ℃下，使用 12% 的 **L3c**，10% 的 $YbCl_3$，反应 4 天，得到的反式开环产物的 *ee* 值为 91%，产率为 90%。通过非线性效应和动力学实验，提出了一个金属钇活化的氰基进攻另一个金属钇活化的环氧烷烃的双金属协同机理(图 1.2.13)[30]。

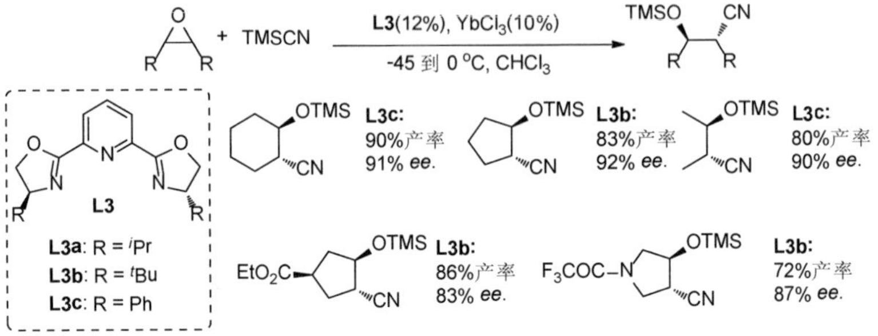

图 1.2.13　Pybox/$YbCl_3$催化的三甲基氰硅烷对内消旋环氧烷烃的去对称开环反应

Fig. 1.2.13　Desymmetrization ring opening of *meso*-epoxide with TMSCN catalyzed by Pybox/$YbCl_3$

(2)烷基锂盐

早在 1997 年，Mizuno 等人应用手性配体 **L4**～**L8** 诱导苯锂对环氧环己烷的不对称开环制备手性叔醇，通过优化配体和反应条件发现，在－78 ℃下，以甲苯为溶剂，**L5** 为配体，加入 $BF_3 \cdot OBu_2$ 溶液，可以实现苯锂对环氧环己烷的不对称开环，得到的(1*R*,2*S*)-2-苯基环己醇的 *ee* 值为 47%[31,32]。1998 年，Oguni 等人应用配体 **L7**($R^1 = R^3 =$ H，$R^2 = {}^tBu$)，在室温下实现了苯锂对环氧环己烷的不对称开环，产物的 *ee* 值高达 90%，配体 **L8** 同样可以实现此反应，但 *ee* 值仅为 80%。将此体系应用于环氧环戊烷和顺-2,3-环氧丁烷的不对称开环，对映选择性分别为 69%和 66%。虽然此体系可以实现内消旋环氧烷烃的不对称开环，但是使用了当量的配体**L4～L6**，催化效率低（图 1.2.14）[33]。

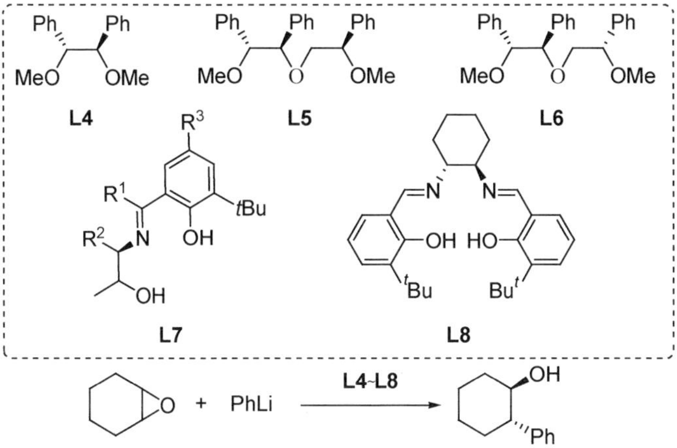

图 1.2.14 手性配体诱导的苯锂对环氧环己烷的去对称开环反应

Fig. 1.2.14 Desymmetrization ring opening of *meso*-epoxide with PhLi catalyzed by chiral ligands

1.2.3 硫亲核试剂

硫醇对环氧烷烃的不对称开环是制备β-巯基醇的常见方法，β-巯基醇是合成诸多生物活性小分子或配体的基石，在天然产物全合成和不对称催化领域具有广泛的应用[34]。最常见的硫亲核试剂是^{n}BuSH，$PhCH_2SH$，PhSH 等。由于硫原子具有很强的配位能力，对许多金属有毒化作用，因此，催化硫醇对内消旋环氧烷烃不对称开环的金属配合物较少。

1998 年，Wu 等人报道了在（*S*，*S*）-SalenCr（Ⅲ）Cl 的作用下，苄基硫醇可以对环氧环己烷开环，得到β-巯基醇的 *ee* 值仅为 59%

左右。为了提高反应的立体选择性，应用具有双官能团的亲核试剂 1,4-二苄基硫醇经历两步的不对称开环反应可以得到两种产物，具有手性的 C_2-产物和对称的 *meso*-产物，对于不同的环氧烷烃，C_2-产物和 *meso*-产物的比例均为 2∶1 左右，但是，C_2-产物的 *ee* 值高达 90%(图 1.2.15)[35]。

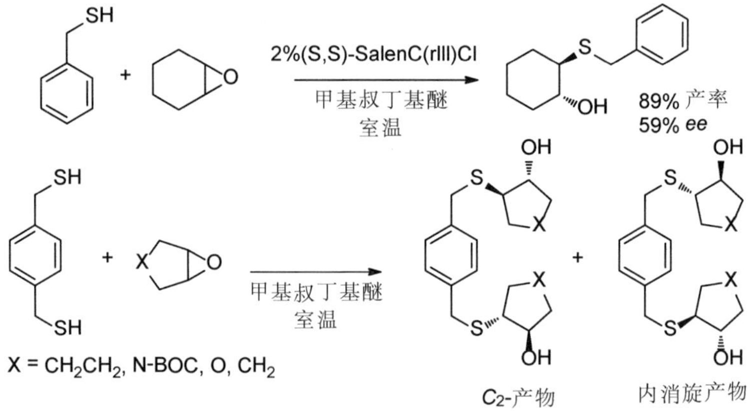

图 1.2.15　金属铬配合物催化的苄基硫醇对内消旋环氧烷烃的去对称开环反应

Fig. 1.2.15　Desymmetrization ring opening of *meso*-epoxide with benzyl mercaptan catalyzed by chromium complex

1997 年，Iida 创新性地应用基于手性联萘二酚的镓锂杂金属配合物催化内消旋环氧烷烃的去对称巯解反应。应用苄基硫醇为亲核试剂催化环氧环己烷巯解，反应的对映选择性很差，于是改用大位阻的叔丁基硫醇催化此反应，发现，在室温下，使用 10% 的 (R)-GaLB，体系中加入 4Å 的分子筛，环氧环己烷的不对称开环反应可以顺利进行，产率达到 80%，开环产物的 *ee* 值高达 97%。并且此反应有很好的底物适用性，对于环氧环戊烷、甚至功能化的内消旋环氧烷烃都具有高的对映选择性（*ee* = 89%～96%）。通过对比实验，作者认为金属锂作为路易斯碱可以实现硫醇的活化，而金属镓则作为路易斯酸可以实现环氧烷烃的活化，配体与金属的作用会导致环氧烷烃不同构型碳原子配位取向的差异，进而实现环氧烷烃的不对称开环（图 1.2.16）[36]。

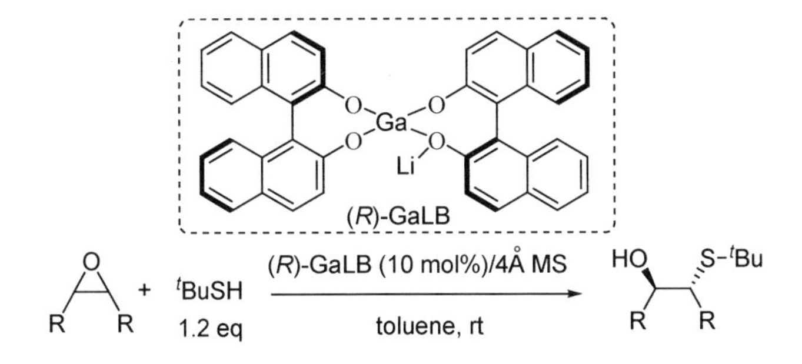

图 1.2.16 (*R*)-GaLB 催化的叔丁基硫醇对内消旋环氧烷烃去对称开环反应

Fig. 1.2.16 Desymmetrization ring opening of epoxides with ᵗBuSH catalyzed by (*R*)-GaLB

1.2.4 卤素亲核试剂

1988 年，Joshi 等人应用手性卤素硼烷作为路易斯酸，催化内消旋环氧烷烃去对称开环制备手性 2-卤代-环己醇。在此反应中，硼烷不仅作为路易斯酸活化环氧烷烃，其含有的卤素还可作为亲核试剂对环氧烷烃开环。在−100 ℃～−78 ℃，反应 0.5～3 h，环氧烷烃的转化率达到 70%，但是，得到的 2-卤代-环己醇 *ee* 值不是很理想（图 1.2.17）[37]。

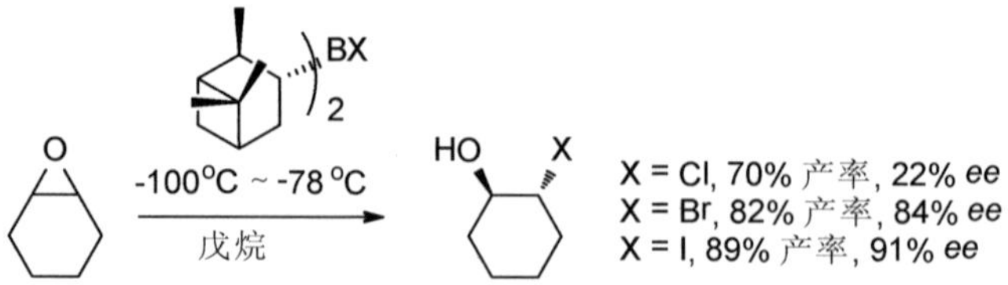

图 1.2.17　手性卤素硼烷对内消旋环氧烷烃去对称开环反应

Fig. 1.2.17　Desymmetrization ring opening of *meso*-epoxides with chiral haloboranes

由于含氟的有机小分子是重要的农药和医药中间体，所以，构建含有氟原子的手性化合物意义重大[38-40]。然而，氟的反应惰性，构建 C—F 键比较困难。寻求新的氟源是得到含氟手性分子的重要方法。2010 年，Kalow 利用醇和苯甲酰氟在原位生成氢氟酸，并且在体系中加入手性 Co—Salen 配合物活化烷烃，期望可以实现环氧烷烃的不对称开环。[41]以环氧环己烷为模式化合物，通过筛选反应条件发现，在室温下，用^{t}AmOH 为反应溶剂，手性胺 **L9**(8%)与(*R*,*R*)-**4b**(10%)可以实现环氧环己烷的不对称氟化开环，得到的反式-2-氟-环己醇的 *ee* 值为 93%，产率为 65%。并且，此催化体系对一系列的内消旋环氧烷烃都具有高的对映体选择性和收率(图 1.2.18)。Kalow 对此 Co(Ⅱ)-Salen 与有机碱共催化的环氧烷烃不对称氟化反应进行了机理研究，发现 SalenCoF 会形成二聚体的休眠物种，体系中有机碱的配位会导致此物种的解离，进而完成双金属开环的过程(图 1.2.19)。基于此机理的理解，设计了分子内实现双金属的催化剂(*R*,*R*,*R*,*R*)-**4c**。相对于单金属配合物 **4a** 和

4b,此双金属配合物可以高活性、高对映选择性实现内消旋环氧烷烃的氟化开环[42]。

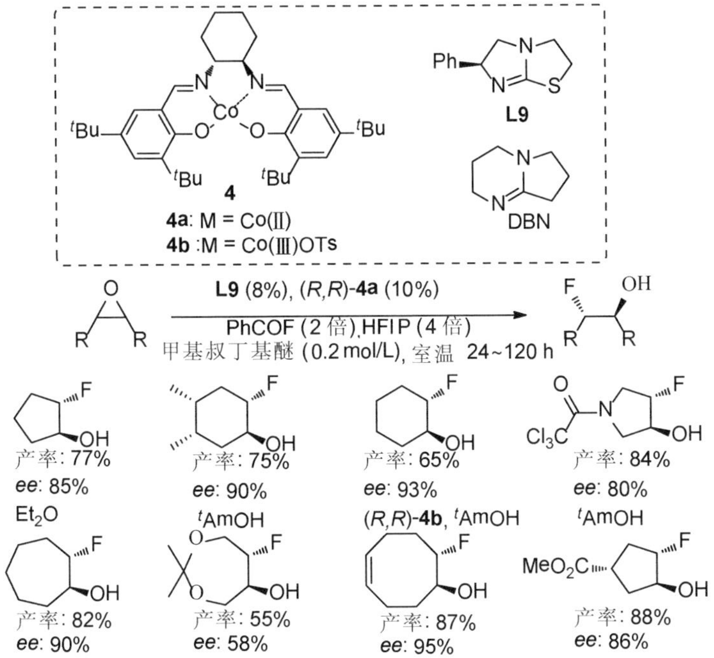

图 1.2.18 单金属钴配合物催化的内消旋环氧烷烃的去对称氟化开环反应

Fig. 1.2.18 Desymmetrization fluoride ring opening of *meso*-epoxides catalyzed by mononuclearcobalt complex

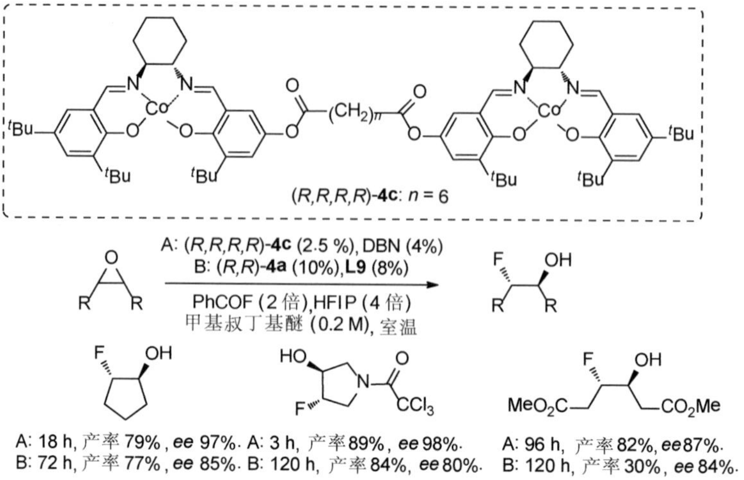
^{t}Bu
^{t}Bu
^{t}Bu
^{t}Bu
^{t}Bu
^{t}Bu
(CH$_2$)$_n$
(R,R,R,R)-4c: n = 6
A: (R,R,R,R)-4c (2.5 %), DBN (4%)
B: (R,R)-4a (10%), L9 (8%)
PhCOF (2 倍), HFIP (4 倍)
甲基叔丁基醚 (0.2 M), 室温
A: 18 h, 产率 79%, ee 97%.
B: 72 h, 产率 77%, ee 85%.
A: 3 h, 产率 89%, ee 98%.
B: 120 h, 产率 84%, ee 80%.
A: 96 h, 产率 82%, ee 87%.
B: 120 h, 产率 30%, ee 84%.

图 1.2.19　单、双金属钴配合物催化的内消旋环氧烷烃的去对称氟化开环反应

Fig. 1.2.19　Desymmetrization fluoride ring opening of *meso*-epoxides catalyzed by mono- of dinuclearcobalt complex

1.2.5　氧亲核试剂

1997 年，Tokunaga 应用手性 SalenCo(Ⅲ)OAc 配合物首次创新性实现了环氧丙烷的水解动力学拆分，高活性、高对映选择性得到手性二醇和环氧烷烃，动力学拆分常数(K_{rel})高达 500，催化反应对多种端位环氧烷烃都具有高的活性和对映体选择性，并且，钴配合物的稳定性较好，经过简单回收处理可重复使用，多次催化循环之后仍可以保持好的催化效果(图 1.2.20)[43]。

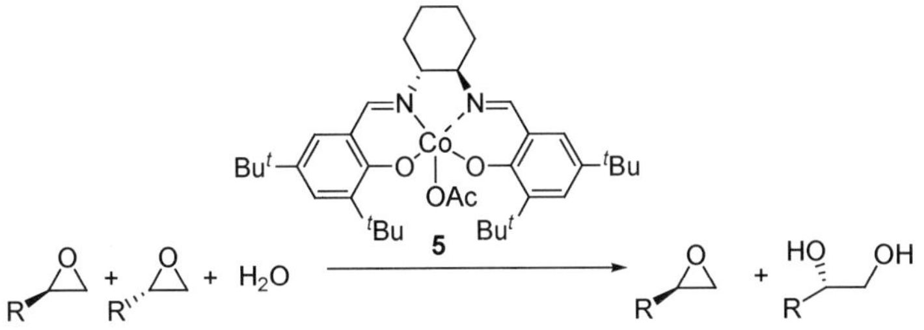

图 1.2.20　SalenCo(Ⅲ)OAc 配合物催化的端位环氧烷烃水解动力学拆分

Fig. 1.2.20　Hydrolytic kinetic resolution of terminal epoxides catalyzed by SalenCo(Ⅲ)OAc complex

虽然,SalenCo(Ⅲ)OAc 配合物对端位环氧烷烃的水解开环具有高的活性和对映选择性,但是其对内消旋环氧烷烃的开环研究进展相对缓慢,究其原因是内消旋环氧烷烃的活性相对端位环氧烷烃低很多。在 1997 年,Jacobsen 报道 SalenCo(Ⅲ)OAc 配合物催化的内消旋底物去对称开环反应,用苯甲酸为亲核试剂,在 4 ℃下,应用 1%的(S,S)-**5**, 催化内消旋环氧烷烃的去对称开环,虽然,开环反应的产率较高,但反应的对映体选择性不理想(图 1.2.21)[44]。

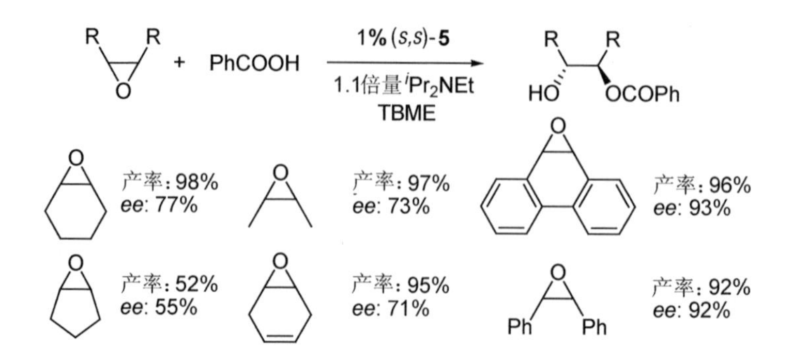

图 1.2.21　SalenCo(Ⅲ)OAc 催化的苯甲酸对内消旋环氧烷烃的去对称开环反应

Fig. 1.2.21　Desymmetrization ring opening of *meso*-epoxides with benzoic acid catalyzed by SalenCo(Ⅲ)OAc

2001 年,Ready 合成了手性的环状寡聚物 SalenCo(Ⅲ)X 配合物 **6**,**7** 和 **8**,在 4～25 ℃,0.5%～1.5%催化剂用量下,该配合物可以催化环氧环己烷的水解开环,制备手性的反式-1,2-环己二醇,反应 4～12 h,产率高达 90%,*ee* 值在 92%～96%。而单金属钴配合物 **5** 催化此反应的活性和对映体选择性更差(36～96 h,18%～90%的产率,51%～71%的 *ee* 值)。此类环状寡聚物可以大幅度提高反应的活性,说明反应是按照双金属机理进行,分子内的协同作用可以促进水解反应的进行,并且,两个 Salen 之间按照头-尾方式排布利于反应的立体化学控制(图 1.2.22)[45,46]。

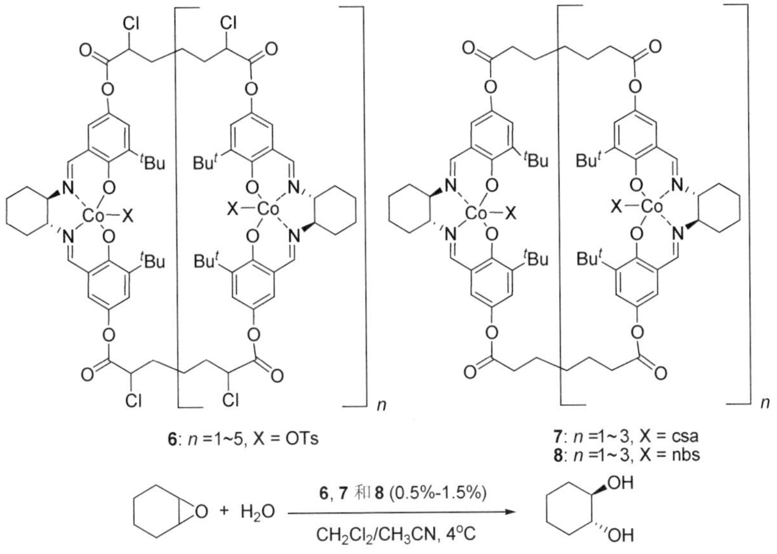

图 1.2.22 寡聚物 SalenCo(Ⅲ)X 用于内消旋环氧烷烃的水解开环反应

Fig. 1.2.22 Oligomeric SalenCo(Ⅲ)X for the hydrolytic ring opening of *meso*-epoxides

1998 年以前,醇或者酚作为亲核试剂对环氧烷烃的去对称开环还没有见诸报道,Iida 等最早应用手性镓-锂杂金属配合物催化内消旋环氧烷烃的不对称醇解反应,在 50 ℃下,使用 20%的(*R*)-GaLB,体系加入 4Å 分子筛,可以实现对甲氧基苯酚对环氧环己烷的去对称开环,开环产物的产率为 48%,*ee* 值高达 93%。对于一系列功能化或者非功能化的底物,(*R*)-GaLB 展现了中等的对映体选择性,但是产率相对较低。作者怀疑是亲核试剂与联萘二酚之间存在交换,从而导致副反应发生。应用大位阻的(*R*)-GaLB* 可以抑制此过程,但只取得了中等的产率[47]。为了更加有效地抑制作为亲核试剂的酚与配体之间的交换，作者合成了通过氧原子连接的 BINOL 的镓锂配合物，该配合物可以有效抑制交换反应的发生，不仅催化剂的浓度降低为 10%，产率提高到 72%～94%，尤其还具有更好的底物适用性，并且对映体选择性不受影响。通过单晶衍射，得到了相似配合物的晶体结构，并通过模拟计算给出了可能的开环过渡态(图 1.2.23)[48]。

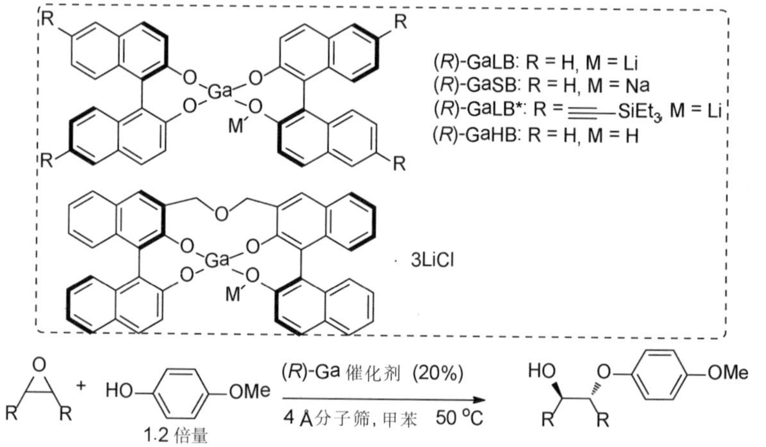

图 1.2.23 镓锂杂金属配合物催化的内消旋环氧烷烃的去对称醇解反应

Fig. 1.2.23 Desymmetrization alcoholysis ring opening of meso-epoxide catalyzed by Ga-Li heterobimetallic complex

由于 $Yb(OTf)_3$ 配合物可以高活性催化内消旋环氧烷烃开环反应，Schneider 将手性联吡啶配体和 $Sc(OTf)_3$ 巧妙地结合起来，用于内消旋环氧烷烃的不对称醇解反应。使用 10% 的 $Sc(OTf)_3$ 和联吡啶配体，以 CH_2Cl_2 为溶剂，在室温下可以高活性、高对映体选择性实现顺-1,2-二苯基环氧乙烷的不对称醇解,开环产物的 *ee* 值高达 92%,并且此反应对醇有很好的适用性。但是,环氧烷烃一般是带有苯环取代的底物,对于环氧环己烷和顺-2,3-环氧丁烷的对映选择性较差(图 1.2.24)[19]。

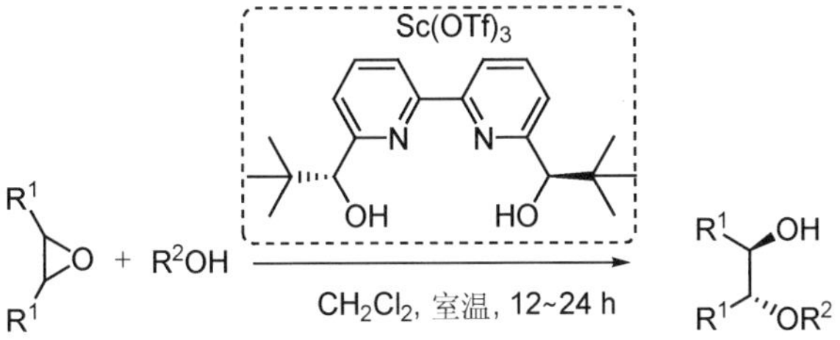

图 1.2.24　$Sc(OTf)_3$催化的内消旋环氧烷烃的去对称醇解反应

Fig. 1.2.24　Desymmetrization alcoholysis ring opening of *meso*-epoxide catalyzed by $Sc(OTf)_3$

1.2.6　其他亲核试剂

在有机合成中,β-硒基醇是一种重要的合成原料,通过硒醇对环氧烷烃不对称开环是制备对映体过量的 β-硒基醇的重要方法。2005 年,Yang 等人应用 5%的钛锗杂金属 Salen 配合物 **9**,以正己烷为溶剂,在−40 ℃下,可以实现苯基硒醇对环氧环己烷的不对称开环,得到的 β-芳硒基醇的 *ee* 值为 97%,产率为 94%。此催化剂对环氧烷烃、芳硒醇有很好的底物适用性。此外,作者通过核磁检测提出了可能的反应机理,即通过金属锗活化硒醇和钛活化的环氧烷烃的协同作用完成开环过程(图 1.2.25)[49]。

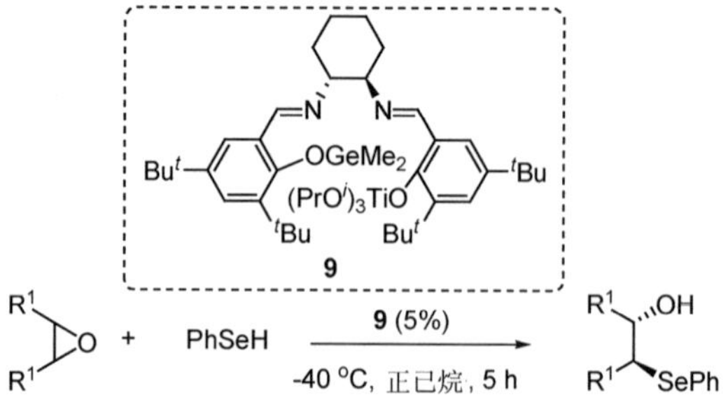

图 1.2.25　钛锗杂金属配合物催化苯基硒醇对内消旋环氧烷烃的去对称开环反应

Fig. 1.2.25　The desymmetrization ring open of meso-epoxide with PhSeH catalyzed by Ti-Ge heterobimetallic catalyst

2008 年，Tschöp 等人应用 $Sc(OTf)_3$-手性联吡啶为催化剂，原位催化硒醇对芳基取代环氧烷烃的不对称开环，开环产物的 *ee* 值高达 90%，但是会伴有去硒基的副产物形成。与之前开发的手性联吡啶催化体系相似，该催化剂的底物适用性差，仅对芳基二取代的环氧烷烃有效。例如，当催化环氧环己烷的不对称开环时，产物的 *ee* 值仅为 24%(图 1.2.26)[50]。

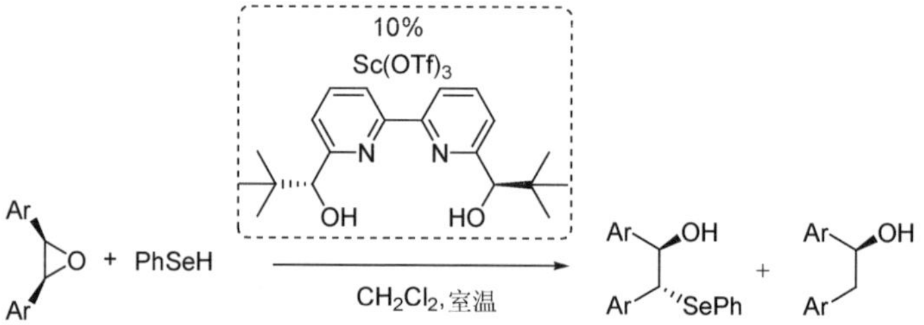

图 1.2.26　金属钪-联吡啶催化的硒醇对内消旋环氧烷烃的去对称开环反应

Fig. 1.2.26　Sc-bipyridine catalysts for the desymmetrization ring open of meso-epoxide with PhSeH

2 环氧烷烃与CO_2去对称化共聚反应

2.1 共聚反应涉及的化学问题

路易斯酸催化的亲核试剂对内消旋环氧烷烃的去对称开环可以制备对映体过量的β-取代醇或其衍生物，如果二氧化碳（CO_2）作为亲核试剂，并且体系中具有手性路易斯酸实现环氧烷烃的活化，引发基团就可以促进环氧烷烃的去对称开环，而形成的金属烷氧键很活泼，很容易重新插入CO_2，反复重复此过程，就可以实现CO_2与内消旋环氧烷烃的去对称化共聚，制备具有立构规整性的聚碳酸酯（图2.1.1）。

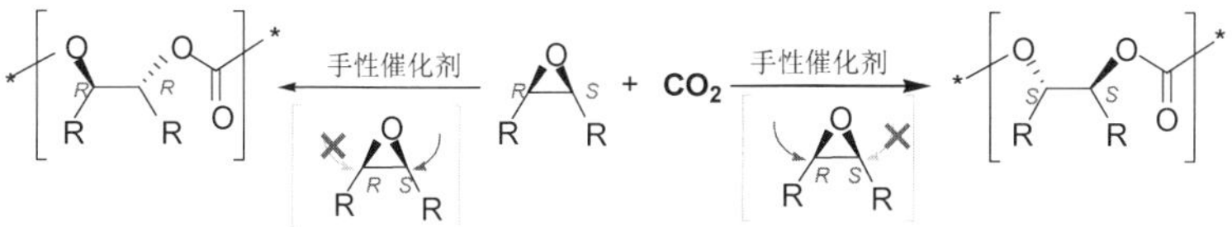

图2.1.1 CO_2与内消旋环氧烷烃去对称共聚反应

Fig. 2.1.1 Desymmetrization copolymerization of CO_2 with *meso*-epoxides

市场上使用的聚碳酸酯主要是由1953年德国的Bayer公司开发的光气和二醇缩聚反应得到[51]。由于该反应使用了剧毒的光气和产生大量含氯废液而备受争议，尤其是所用的双酚A单体会导致动物雌性早熟等病变，还存在潜在致癌的可能性[52,53]。所以，开发新的聚碳酸酯合成方法意义重大。二氧化碳是地球上最丰富的碳源，将其转化为高附加值的化学品具有重大的科研和工业价值，其与环氧烷烃交替共聚制备的聚碳酸酯是其重要的应用之一[54-63]。聚碳酸酯具有优良的抗冲击性能，耐寒、耐候性良好，尤其是突出的光学性能，在建筑板材、电子器件、汽车工业等诸多领域具有广泛的应用价值和前景[64-67]。应用环氧烷烃与CO_2交替共聚制备聚碳酸酯，具有很好的原子经济性，无污染，符合绿色化学的特征。

作为制备聚碳酸酯的环氧烷烃主要有两大类，一是端位的环氧烷烃，目前研究最多的是环氧丙烷。二是内消旋环氧烷烃，主要是环氧环己烷，本书主要涉及内消旋环氧烷烃。CO_2与内消旋环氧烷烃的聚合反应看似简单，但是反应涉及诸多化学问题，主要有：产物选择性、化学结构选择性和立体化学选择性(图2.1.2)。

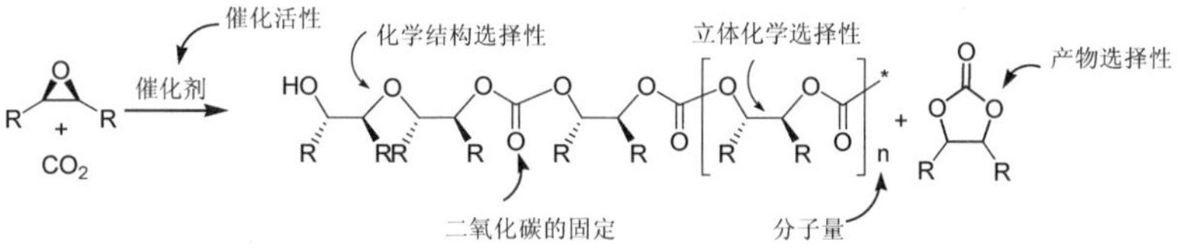

图2.1.2　CO_2与内消旋环氧烷烃聚合反应所涉及的主要问题

Fig. 2.1.2　Key consideration for the copolymerization of CO_2 with *meso*-epoxide

产物选择性(聚碳酸酯和环状碳酸酯):在 CO_2 与环氧烷烃共聚过程中,除了生成聚碳酸酯外,也可能会产生环状碳酸酯小分子,产物选择性就是指聚碳酸酯在整个聚合产物中的比重,可以通过不同产物 ^{1}H NMR 的积分面积计算(参见本书第 3 章)。

化学结构选择性(聚碳酸酯和聚醚):在 CO_2 与环氧烷烃共聚过程中,除了环氧烷烃与 CO_2 交替插入生成聚碳酸酯外,还存在环氧烷烃的连续插入生成聚醚,而 CO_2 的连续插入形成聚酸酐很难发生,所以,化学结构选择性是指聚碳酸酯结构在整个聚合物中的比重,可以通过不同化学结构的 ^{1}H NMR 的积分面积计算(参见本书第 3 章)。

立体化学选择性:由于内消旋环氧烷烃具有一个对称面,其两个手性中心碳原子的构型相反,在手性催化剂作用下,碳氧键的断裂经历 SN2 的亲核开环过程,碳原子的构型会发生反转,形成具有反式结构的聚碳酸酯单元,那么,这种(R,R)或者(S,S)碳酸酯重复单元在分子链上的不同排布方式会导致形成全同立构、间同立构和无规立构的聚碳酸酯(图 2.1.3)。不同微观结构聚碳酸酯的 ^{13}C NMR 化学位移是有差别的,通过不同化学位移的积分面积,就可以计算聚碳酸酯的规整度(参见本书第 3 章)。

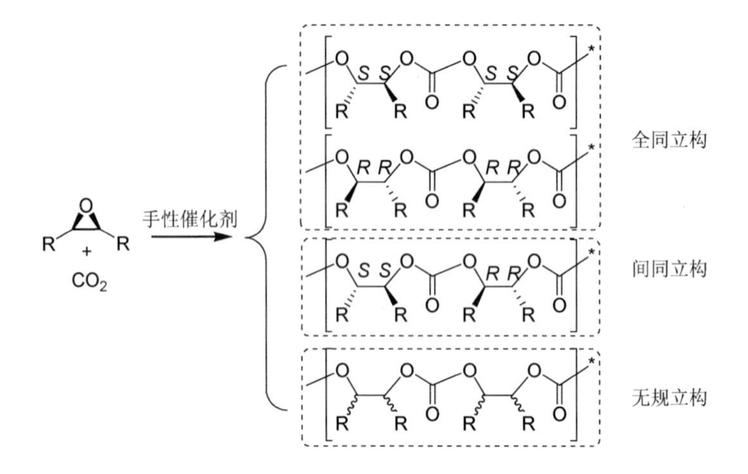

图 2.1.3　CO_2与内消旋环氧烷烃交替共聚中的立体化学

Fig. 2.1.3　Stereochemistry of polycarbonates during the copolymerization of CO_2 with *meso*-epoxide

2.2　共聚反应研究进展

1969 年，Inoue 等人报道了非均相的二乙基锌和水的混合物催化环氧丙烷与 CO_2的交替共聚反应，虽然反应条件比较苛刻，催化效率比较低，但此创新性的成果开发了一种制备聚碳酸酯的新方法[68,69]。由于非均相催化体系无法进行结构的明确表征，并且活性点的不确定性导致聚合反应难以控制，很难进行机理的深入研究和配体的合理设计[70-75]。经历了近 50 年的发展，目前研究广泛的均相催化体系具有活性位点可控、反应机理研究明确，催化性能优异等诸多优点，本章简单介绍目前研究广泛的均相催化体系。

1978 年，Takeda 等开发了用于 CO_2 与环氧烷烃交替共聚的卟啉铝催化剂，这是首例用于该反应的单活性位点的均相催化体系[76]，之后相继出现了酚氧基锌配合物[77-79]，最具有创新意义的是 Cheng 等人开发的 β-二亚胺锌配合物[80]。该配合物在催化环氧环己烷与 CO_2 交替共聚反应具有高的催化活性，在 50 ℃，共聚反应的 TOF 可达 2 290 h^{-1}[81-83]。通过核磁检测、基元反应、引发基团、取代基位阻和电子效应、单晶衍射、动力学实验等手段提出了 β-二亚胺锌配合物催化 CO_2 与环氧烷烃共聚反应的双金属协同机理：与金属锌相连的碳酸酯链端进攻另一金属锌活化的环氧烷烃（图 2.2.1）[84]。此双金属协同机理的提出对于以后配体的设计具有重要的影响，设计不同结构的双金属锌配合物用于环氧烷烃与 CO_2 的交替共聚反应成为当时该领域的研究热点。

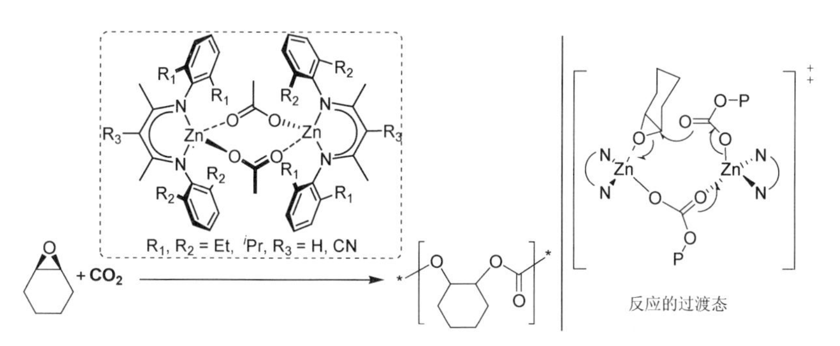

图 2.2.1 β-二亚胺锌配合物催化的环氧环己烷与 CO_2 交替共聚反应

Fig. 2.2.1 Copolymerization of CHO with CO_2 catalyzed by β-diiminate zinc complex

基于双金属协同催化 CO_2/CHO 共聚反应的链增长模型，科学家们开发了一系列双金属锌配合物（图 2.2.2）。如韩国的 Lee 等人开发的双金属锌配合物，由于实现了分子内的双金属协同催化，此催化剂克服了浓度效应的影响，在极低的催化剂浓度（[Zn]/[CHO] = 1/50 000（摩尔比））下，温度为 80 ℃，反应的转化数 TON 高达 10 100，催化活性 TOF 达 2 860 h^{-1}，可制备出数均分子量为 284 000 g/mol 的聚碳酸酯[85,86]。此外，Kember 等人用还原的 Robson 配体合成了一种具有大环结构的双金属锌和镁配合物，此配合物可以在 1.0 atm 的 CO_2压力下具有反应活性，并且具有很好的稳定性，应用此双金属锌配合物，通过动力学研究，进一步证实该配合物在催化 CO_2/CHO 共聚反应中是双金属协同机理[87-89]。2013 年，Lehenmeier 等人应用基于柔性链连接的双金属锌配合物催化 CO_2/CHO 共聚反应，通过动力学实验发现，在高压下，反应速率对[CO_2]浓度呈现一级动力学特征，对于这一反常的现象，借助量子化学计算给出了合理的解释。通过优化反应条件，该配合物催化 CO_2/CHO 共聚反应的最高活性达 9 130 h^{-1}[90]。虽然，双金属锌配合物可以极大地提高 CO_2/CHO 共聚反应的活性，但反应一般都伴有少量聚醚结构的形成。

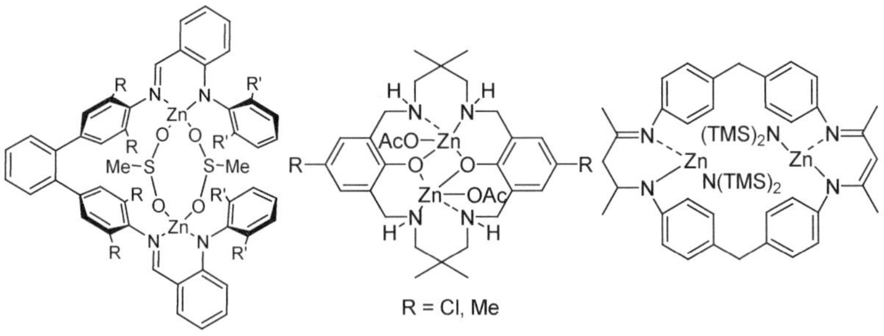

图 2.2.2 双金属锌配合物

Fig. 2.2.2 Dinuclear zinc complexes

Salen 配体由于合成简单、结构易修饰，容易与众多金属络合成手性配合物，被用于多种不对称催化反应中。进入 2000 年以后，Salen 配体也开始应用于环氧烷烃与 CO_2 交替共聚反应。自 2002 年以来，Darensbourg 应用 Cr(Ⅲ)-Salen 配合物催化 CO_2/CHO 共聚反应，发现活性很低，当体系中加入 *N*-甲基咪唑、4-二甲氨基吡啶(DMAP)、季铵盐等助催化剂时，反应活性和选择性得到大幅度提高。他们通过原位红外、单晶衍射等手段，对环氧烷烃与 CO_2 共聚反应的活化能、反应机理、助剂作用等问题进行了详细的研究(图 2.2.3)[91-98]。Cr(Ⅲ)-Salen 配合物在催化环氧烷烃与 CO_2 共聚中低选择性主要是由于金属铬的酸性太强，聚合物链不容易解离，通过将 Salen 配体上的亚胺双键进行还原，制备了新颖的 Cr(Ⅲ)-Salan 配合物，在 DMAP 为助剂的条件下，催化活性比 Cr(Ⅲ)-Salen配合物提高了 30 多倍，并且聚合反应的产物、化学结构、区域和立体选择性都有了大幅度的提高[99-102]。

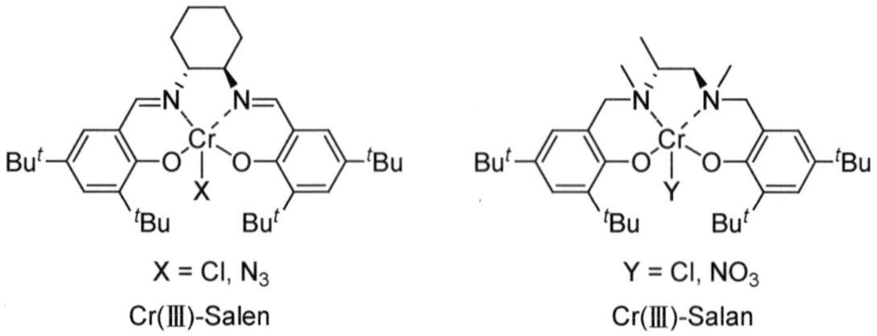

X = Cl, N_3
Cr(Ⅲ)-Salen

Y = Cl, NO_3
Cr(Ⅲ)-Salan

图 2.2.3　四齿席夫碱铬配合物

Fig. 2.2.3　Salen and Salan chromium complexes

1997 年，Tokunaga 应用手性 SalenCo(Ⅲ)OAc 配合物实现了外消旋端位环氧烷烃的水解动力学拆分，制备出高对映体过量的二醇和环氧烷烃，动力学拆分常数最高达 500，此创新性的研究成果对 CO_2 与环氧烷烃催化体系的发展产生了重要影响[43]。受到此水解动力学开环启发，2003 年，Qin 等人首次应用单组分的 Salen-Co(Ⅲ)OAc 配合物实现了环氧丙烷与 CO_2 的不对称交替共聚，在 25 ℃，5.5 MPa 的 CO_2 压力下，反应的 TOF 最高达 81 h^{-1}，并且聚合物选择性和碳酸酯单元含量为 90%～99%[103]，相比之前广泛研究的金属锌、铬和铝等配合物具有明显的优势。

几乎在同时，Lu 等将手性 Co(Ⅲ)-Salen 配合物和季铵盐双组分催化体系应用于环氧丙烷与 CO_2 交替共聚反应，通过合理变动 Co(Ⅲ)-Salen 配合物轴向基团和季铵盐负离子发现，由大体积的阳离子和强亲核性弱离去能力的阴离子组成的季铵盐或者大位阻有机碱作为助催化剂，可以显著提高聚合反应的活性和选择性。在温和条件下（25 ℃，1.5 MPa CO_2 压力），该双组分催化体系可以高活性催化环氧丙烷和 CO_2 共聚，反应的聚合物选择性和化学结构选择性均＞99%，聚碳酸酯的头尾连接单元含量高达 96%[104,105]。但研究发现，此共聚反应具有明显的“浓度效应”，在高的[单体]/[催化剂]比例（＞5000/1）下，共聚反应活性急剧降低，而且催化剂的热稳定性差，当温度升高至 80 ℃，催化剂会失活（图 2.2.4）。由于此反应是通过助催化剂阳离子稳定的聚合物碳酸酯链端进攻金属钴活化的环氧烷烃完成，即，分子间的协同作用是导致反应存在“浓度效应”的主要原因，因此，开发实现分子内协同的双功能 Co(Ⅲ)-Salen 催化剂是当时研究的热点。

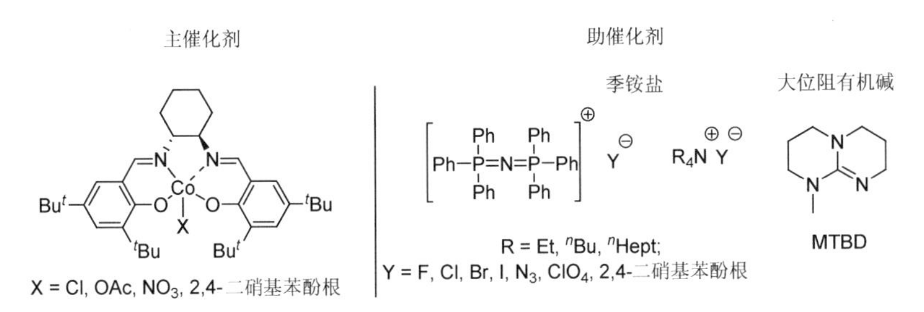

图 2.2.4　Co(Ⅲ)-Salen 配合物/季铵盐或有机碱双组分催化体系

Fig. 2.2.4　Co(Ⅲ)-Salen/quaternary ammonium salt or MTBD binary catalyst system

基于对双组分催化体系在高[单体]/[催化剂]比例下失活机理的理解，Nakano[106]、Noh[107-109] 和 Ren 等人[110] 分别开发了在同一分子内实现亲电和亲核试剂的双功能 Co(Ⅲ)-Salen 配合物，此类配合物在高的[单体]/[催化剂](5000/1～100000/1)比例下，具有很好的活性和选择性，并且此催化剂具有很好的热稳定性，在高温下(100 ℃)，仍旧可以保持优良的催化效果(图 2.2.5)。Ren 等人通过对双功能配合物催化环氧丙烷与 CO_2 共聚反应的电喷雾质谱(ESI-MS)和红外(FT-IR)研究，证明了催化剂上连接的功能基团 TBD 在反应过程中形成了碳酸酯中间体，此中间体与金属钴之间可逆的键合、解离平衡对稳定三价钴起到重要作用，从而高活性、高选择性实现了环氧丙烷与 CO_2 交替共聚反应[110]。

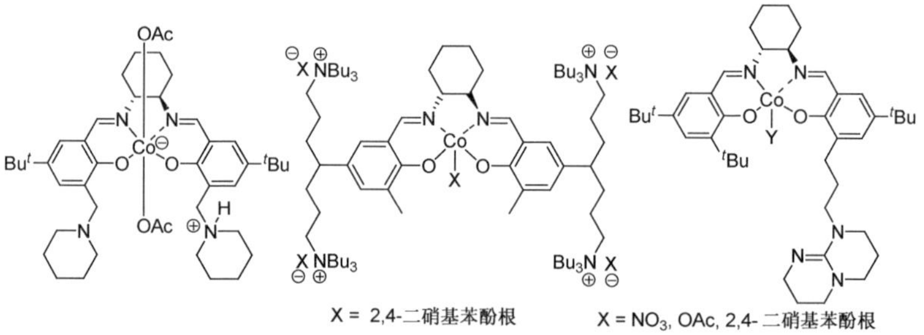

X = 2,4-二硝基苯酚根　　X = NO3, OAc, 2,4-二硝基苯酚根

图 2.2.5　双功能的 Co(Ⅲ)-Salen 配合物催化体系

Fig. 2.2.5　Co(Ⅲ)-Salen bifunctional catalyst system

经过近几年的发展，环氧烷烃与 CO_2 共聚反应的催化体系取得了长足进步，尤其是伴随着 Co(Ⅲ)-Salen 配合物的出现，解决了聚合反应的诸多化学问题，如聚合物选择性、化学结构选择性、催化活性、分子量和分子量分布等，但是，反应的立体选择性一直没有重大突破，尤其是对于内消旋环氧烷烃，催化其与 CO_2 去对称化共聚的例子很少，效果也不理想。

早在1999年,Nozaki等人应用基于手性胺醇和二乙基锌原位催化环氧环己烷与CO_2的去对称共聚反应,在40 ℃下,制备40%~80% *ee*的光学活性聚碳酸环己烯酯(PCHC),随后,对该催化体系进行了详细的机理研究。这是首例实现CO_2/CHO去对称共聚反应的催化体系,并且建立了聚碳酸酯降解以及对映体过量值测试的方法,为以后的工作奠定了重要的基础[111-113]。2000年,Cheng等人报道了基于手性噁唑的β-二亚胺锌配合物,通过考察手性配体上取代基的电子和空间效应对CO_2/CHO共聚反应对映选择性的影响,发现,在20 ℃,当$R^1 = {}^iPr, R^2 = (S)\text{-}{}^tBu, R^3 = {}^iPr$时,制备PCHC的*ee*值为72%。虽然,此催化体系实现了CO_2/CHO的去对称共聚反应,但是立体选择性不高,并且反应活性很低($TOF < 4\ h^{-1}$)[114]。2005年,Xiao等人应用手性Trost配体与$ZnEt_2$原位催化CO_2/CHO去对称交替共聚,遗憾的是将得到的PCHC降解之后测试其*ee*值仅为18%,说明此类配体不利于CO_2/CHO去对称共聚的立体诱导[115]。2012年,Nishioka应用β-亚胺酮的金属铝配合物,通过添加路易斯碱或路易斯酸实现CO_2/CHO去对称共聚反应,在0 ℃,PCHC的水解产物*ee*值最高达82%,但其活性很低($TOF < 1\ h^{-1}$),并且伴有聚醚结构形成[116]。

2006年,Shi等人将手性钴配合物**10a**和PPNCl的双组分催化体系应用于CO_2/CHO去对称交替共聚反应,在25 ℃下,[**10a**]/[PPNCl]/[CHO] = 1/1/1000条件下,反应的TOF高达89 h^{-1},将所得的PCHC降解,测试其对映体过量值为38%[117]。

Cohen 等人同样研究了双组分催化剂 **10a** 对 CO_2/CHO 去对称共聚反应的影响，通过对所得聚合物的^{13}C NMR 分析发现，在不加入助剂的条件下，Co(Ⅲ)-Salen 催化的 CO_2/CHO 去对称化共聚反应主要得到间同为主的 PCHC，当体系中加入助剂时，共聚反应主要得到全同为主的 PCHC，并且通过优化 Co(Ⅲ)-Salen 配合物的 3-和 5-位取代基、轴向基团、二胺骨架和助剂的种类，以及 CO_2 压力等条件，制备出最高达 81％间同为主和 65％全同为主的 PCHC(图 2.2.6)[118]。

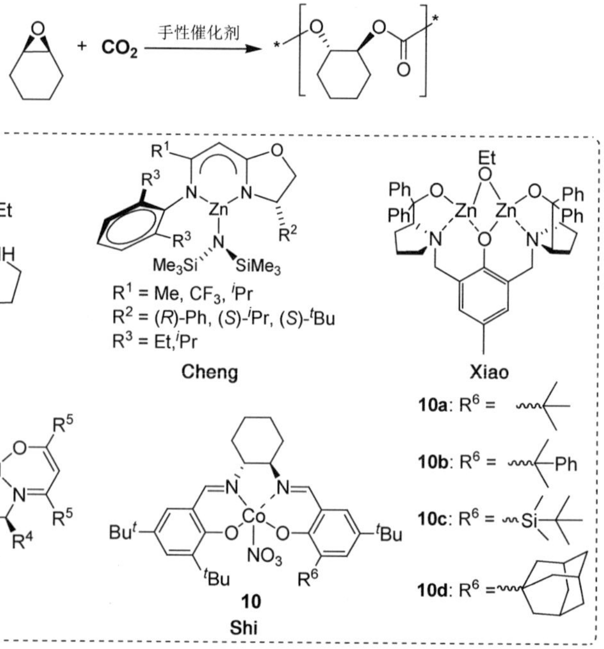

图 2.2.6　CO_2 与 CHO 去对称共聚的催化体系

Fig. 2.2.6　Catalyst systems for desymmetrization copolymerization of *meso*-epoxides with CO_2

最近,Wu 等人在 CO_2/CHO 去对称化共聚领域取得重要进展。基于对该反应的理解,合成了一系列非对称结构的 Co(Ⅲ)-Salen 配合物 **10b～10d**,其催化 CO_2/CHO 去对称反应结果表明,配合物的不对称性越大,立体诱导效果越好。应用 **10d**/PPNCl 催化体系,在 −25 ℃,制备出 84% *ee* 值的 PCHC。在体系中加入(S)-2-甲基四氢呋喃作为手性诱导试剂,同样条件下,反应的对映选择性高达 96%。通过模拟计算和控制实验,提出了可能的竞争配位机理,通过对该高立构规整性的 PCHC 的 DSC 和 WAXD 测试,表明其是一种新型的可结晶性材料,熔点 T_m 高达 216 ℃[119]。

3 双金属钴催化剂的开发及其催化行为

通过上一章的内容介绍可知，在诸多可以实现 CO_2 与烷烃交替共聚的催化体系中，Co(Ⅲ)-Salen 配合物在催化活性、产物选择性、化学选择性以及立体化学控制方面都是最杰出的。此外，双金属协同催化 CO_2 与环氧烷烃共聚的反应机理已经被普遍接受，而在分子内实现双金属的关键在于选择合适的手性配体、金属离子和桥连基团。手性配体和金属离子的配位环境决定了不对称诱导的效果，而桥连基团则决定了金属之间的距离和配体之间的排布方式，对反应的活性和产物选择性，甚至立体选择性等都具有重大影响[120-124]。最近，Hirahata，Widger 和 Thomas 等人应用基于手性联萘的双金属钴配合物催化端位环氧烷烃的均聚反应[125-127]，作者认为，催化剂的轴手性对其高立体选择性有重要影响，但是联萘的刚性结构导致 Co 与 Co 之间的距离固定，相对拥挤的环境反而不利于环氧烷烃与 CO_2 共聚反应的进行，通过实现 Co 与 Co 之间距离的调控，作者设计出基于联苯的双金属钴配合物，进而缓解活性位点相对拥挤的环境。本章将详细地介绍该催化剂的设计合成和其催化行为(图 3.0.1)。

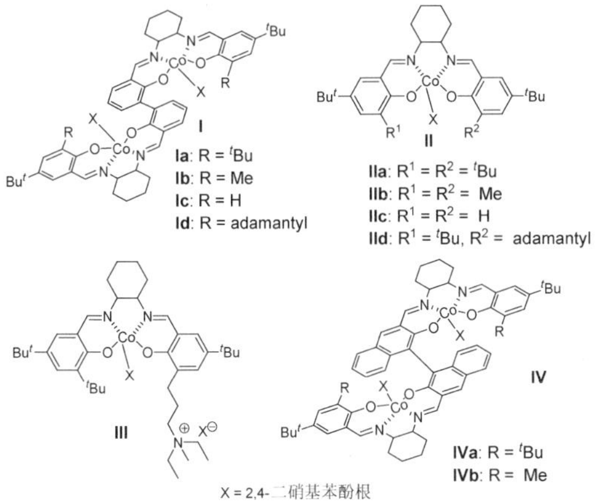

图 3.0.1 用于 CO_2 与内消旋环氧烷烃去对称共聚反应的钴配合物

Fig. 3.0.1 Co(Ⅲ) complexes for desymmetrization copolymerization *meso*-epoxide with CO_2

3.1 催化剂的合成路线

(1)配合物 **Ia**～**Id** 的合成,如图 3.1.1 所示。

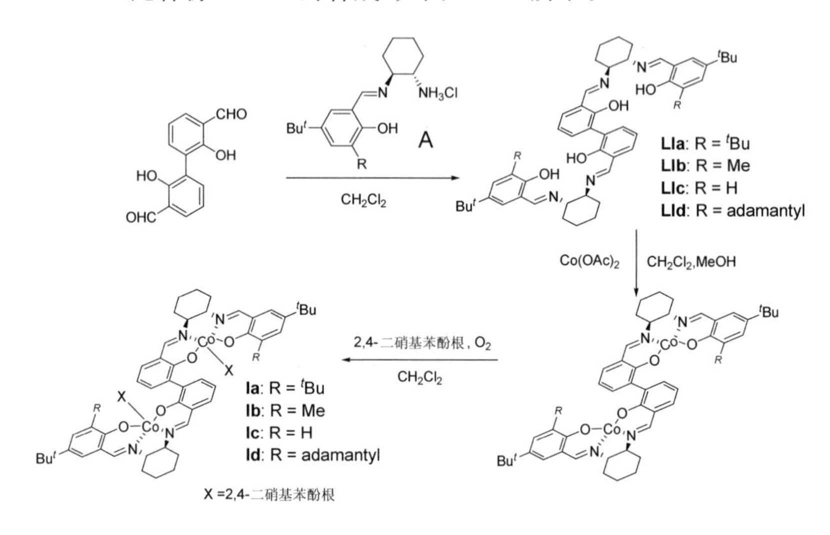

图 3.1.1 双金属配合物 **Ia**～**Id** 的合成步骤

Fig. 3.1.1 Synthesis of dinuclear complexes **Ia**～**Id**

3,3′-二甲酰基-2,2′-二羟基-1,1′-联苯的合成见参考文献[128]。

配体 **LIa**:100 mL 圆底烧瓶中,在 0 ℃下,将三乙胺(0.54 mL,4.00 mmol)、3,3′-二甲酰基-2,2′-二羟基-1,1′-联苯(0.24 g,1.00 mmol),以及(*S*,*S*)-环己二胺单盐酸盐(0.30 g, 2.00 mmol)和 3,5-二叔丁基水杨醛(0.47 g, 2.00 mmol)的缩合产物 **A**(结构如图 3.1.1 所示)溶于 50 mL 二氯甲烷,加入 5 Å 分子筛,室温下

反应 24 h 后，停止反应，抽滤，滤饼用二氯甲烷洗涤，滤液减压除去溶剂后得粗产品。应用柱色谱法（硅胶柱；展开剂：石油醚/乙酸乙酯 = 10/1）分离提纯，得到配体 **LIa**，为淡黄色固体（产量：0.75 g；产率：87%）。$[\alpha]_{D20}$ = 685（*c* = 1，在 $CHCl_3$ 中）. ^1H NMR ($CDCl_3$, 400 MHz)：δ 1.25 (s, 18H), 1.42 (s, 18H), 1.36～1.44 (m, 4H), 1.65～1.68 (m, 4H), 1.71～1.92 (m, 8H), 3.18～3.24 (m, 2H), 3.26～3.40 (m, 2H), 6.84 (t, *J* = 7.6 Hz, 2H), 6.96 (d, *J* = 1.8 Hz, 2H), 7.14 (dd, *J* = 7.7, 1.6 Hz, 2H), 7.29 (d, *J* = 1.6 Hz, 2H), 7.30～7.34 (m, 2H), 8.22 (s, 2H), 8.32 (s, 2H), 13.66 (s, 2H), 13.81 (s, 2H); ^{13}C NMR ($CDCl_3$, 100 MHz)：δ 24.25, 24.29, 29.60, 31.63, 33.20, 33.48, 34.22, 35.12, 72.45, 72.78, 117.91, 118.13, 119.01, 125.77, 126.23, 126.96, 131.25, 134.35, 136.50, 140.05, 158.11, 158.82, 165.09, 166.00. HRMS (*m*/*z*)：理论值 $[C_{56}H_{74}N_4O_4Na]^+$：889.5608，测量值 889.5602。

化合物 **LIb**：合成方法与 **LIa** 相同，用 3-甲基-5-叔丁基水杨醛替换 3,5-二叔丁基水杨醛，收率：60%. $[\alpha]_{D20}$ = 678（*c* = 1，在 $CHCl_3$ 中）. ^1H NMR ($CDCl_3$, 400 MHz)：δ 1.24 (s, 18H), 1.35～1.40 (m, 4H), 1.62～1.66 (m, 4H), 1.79～1.90 (m, 8H), 2.25 (s, 6H), 3.17～3.30 (m, 4H), 6.85 (t, *J* = 7.8 Hz, 2H), 6.98 (d, *J* = 1.6 Hz, 2H), 7.15 (d, *J* = 1.6 Hz, 2H), 7.17～7.19 (m, 2H), 7.31 (dd, *J* = 7.8, 1.8 Hz, 2H), 8.21

(s, 2H), 8.29 (s, 2H), 13.38 (s, 2H), 13.80(s, 2H); ^{13}C NMR ($CDCl_3$, 100 MHz): δ 15.80, 24.23, 29.71, 31.56, 33.16, 33.33, 33.87, 72.49, 72.77, 117.27, 118.07, 118.90, 125.05, 125.60, 125.73, 130.77, 131.23, 134.30, 140.68, 157.09, 158.76, 164.92, 165.42. HRMS (*m/z*):理论值$[C_{50}H_{62}N_4O_4Na]^+$:805.4669,测量值805.4673。

化合物**LIc**:合成方法与**LIa**相同,用5-叔丁基水杨醛替换3,5-二叔丁基水杨醛,收率:50%. $[\alpha]_{D20}$ = 650 (*c* = 1,在$CHCl_3$中). ^1H NMR ($CDCl_3$, 400 MHz):δ 1.28 (s, 18H), 1.33~1.44 (m, 4H), 1.67~1.69 (m, 4H), 1.83~1.92 (m, 8H), 3.20~3.24 (m, 2H), 3.29~3.34 (m, 2H), 6.81~6.86 (m, 4H), 7.10~7.12 (m, 2H), 7.15~7.19 (m, 2H), 7.28~7.32 (m, 4H), 8.21 (s, 2H), 8.29 (s, 2H), 13.09 (s, 2H), 13.80 (s, 2H); ^{13}C NMR ($CDCl_3$, 100 MHz): δ 14.32, 22.83, 24.35, 25.53, 33.39, 34.07, 72.67, 72.87, 116.43, 118.05, 118.21, 118.97, 128.09, 129.64, 129.69, 131.35, 134.40, 141.35, 158.79, 163.96, 164.99, 165.32. HRMS (*m/z*):理论值$[C_{48}H_{58}N_4O_4Na]^+$:777.4356,测量值777.4355。

化合物**LId**:合成方法与**LIa**相同,用3-金刚烷基-5-叔丁基水杨醛替换3,5-二叔丁基水杨醛,收率:75%. $[\alpha]_{D20}$ = 680 (*c* = 1,在$CHCl_3$中). ^1H NMR ($CDCl_3$, 400 MHz):δ 1.26 (s, 18H), 1.37~1.42 (m, 4H), 1.60~1.65 (m, 4H), 1.70~1.96 (m,

20H)，2.07 (s，6H)，2.19 (s，12H)，3.20～3.22 (m，2H)，3.34～3.36 (m，2H)，6.85 (t，J = 7.6 Hz，2H)，6.98 (d，J = 1.8 Hz，2H)，7.10 (dd，J = 7.7，1.6 Hz，2H)，7.23～7.27 (m，2H)，7.92 (d，J = 1.6 Hz，2H)，8.22 (s，2H)，8.33 (s，2H)，13.66 (s，2H)，13.82 (s，2H)；^{13}C NMR ($CDCl_3$，100 MHz)：δ 24.37，29.26，31.62，31.76，33.35，33.37，34.26，37.14，37.33，41.16，72.47，72.73，117.87，118.14，118.99，125.17，126.40，126.96，131.21，134.34，136.81，140.13，158.37，158.83，165.13，166.13. HRMS (m/z)：理论值[$C_{68}H_{86}N_4O_4Na$]$^+$：1045.6547，测量值 1045.6555。

配合物 **Ia**：在氮气保护下，0 ℃，在配有磁力搅拌的 100 mL 三口烧瓶中，加入化合物 **LIa**(0.43 g, 0.5 mmol)，用 2 mL 精制二氯甲烷使其完全溶解。用 50 mL 甲醇将无水醋酸钴 (0.18 g, 1.0 mmol)溶解，通过恒压滴液漏斗缓慢滴加入烧瓶中。大量红色固体伴着醋酸钴的加入析出，滴加完毕，用 10 mL 甲醇冲洗漏斗，升至室温，继续搅拌 30 分钟。氮气保护下压滤，并用无水甲醇多次洗涤固体，真空干燥后得到砖红色固体，为二价钴配合物，0.43 g，收率 88%。将此二价钴配合物(0.20 g, 0.2 mmol)和 2,4-二硝基苯酚(0.074 g, 0.4 mmol)溶于 20 mL 二氯甲烷溶液中，通入氧气氧化 1 h，旋干溶剂，真空干燥得到墨绿色粉末固体0.25 g，收率 93%，总收率 82%。^{1}H NMR (DMSO－d_6，400 MHz)：δ 1.27 (s，18H)，1.57 (s，18H)，1.67～1.89 (m，8H)，1.90～2.03

(m，4H)，3.04～3.14 (m，4H)，3.60～3.68 (m，4H)，6.43～6.45 (m，2H)，6.83～6.86 (m，2H)，7.37～7.43 (m，4H)，7.64～7.66 (m，2H)，7.81～7.83 (m，4H)，8.01(s，2H)，8.44～8.46 (m，2H)，8.60 (s，2H)；^{13}C NMR (DMSO－d_6，100 MHz)：δ 25.53，24.77，29.99，30.89，31.42，31.89，33.97，36.06，69.65，70.10，117.24，120.30，122.87，123.05，123.71，125.10，126.61，127.15，128.70，129.56，131.80，136.08，137.39，141.20，142.78，160.87，162.56，162.86，164.97，165.05. HRMS (m/z)：理论值[$C_{62}H_{73}Co_2N_6O_9$]$^+$ ([**Ia**－X]$^+$)：1163.4103；测量值 1163.4114，理论值[$C_{56}H_{70}Co_2N_4O_4$]$^{2+}$ ([**Ia**－2X]$^{2+}$)：490.2031；测量值 490.2034。

配合物 **Ib**：合成方法与 **Ia** 相同，用 **LIb** 代替 **LIa**，收率：78%。^{1}H NMR (DMSO－d_6，400 MHz)：δ 1.29 (s，18H)，1.69～2.02 (m，12H)，2.71 (s，6H)，3.04～3.07 (m，4H)，3.64～3.69 (m，4H)，6.24～6.30 (m，2H)，6.86～6.96 (m，2H)，7.30～7.46 (m，4H)，7.67～7.79 (m，6H)，8.05 (s，2H)，8.51～8.59(m，2H)，8.78 (s，2H)；^{13}C NMR (DMSO－d_6，100 MHz)：δ 20.01，24.09，29.05，31.01，32.45，33.82，38.72，68.65，69.89，118.20，119.30，123.87，124.84，124.98，125.17，126.78，126.95，128.09，128.96，130.00，137.08，139.09，142.27，143.70，160.86，162.15，163.00，164.90，166.08. HRMS (m/z)：Calcd. for [$C_{56}H_{61}Co_2N_6O_9$]$^+$ ([**Ib**－

X]⁺):1079.3164; found:1079.3171,理论值$[C_{50}H_{58}Co_2N_4O_4]^{2+}$ ([**Ib**−2X]$^{2+}$) :448.1561;测量值 448.1567。

配合物 **Ic**:合成方法与 **Ia** 相同,用 **LIc** 代替 **LIa**,收率:74%。^{1}H NMR (DMSO−d_6, 400 MHz):δ 1.34 (s, 18H), 1.63～1.94 (m, 12H), 3.10～3.18 (m, 4H), 3.65～3.74 (m, 4H), 6.25～6.36 (m, 2H), 6.80～6.98 (m, 4H), 7.15～7.49 (m, 4H), 7.78～7.89 (m, 6H), 8.16 (s, 2H), 8.56～8.71 (m, 2H), 8.79(s, 2H); ^{13}C NMR (DMSO−d_6, 100 MHz): δ 24.71, 29.88, 31.62, 31.83, 32.39, 33.90, 68.78, 69.99, 114.73, 118.42, 122.60, 124.90, 125.04, 126.87, 128.00, 128.78, 129.38, 131.43, 132.01, 132.88, 134.50, 137.55, 138.77, 160.64, 162.85, 164.50, 164.97, 165.02. HRMS (*m/z*):理论值$[C_{54}H_{57}Co_2N_6O_9]^+$([**Ic**−X]$^+$):1051.2851;测量值1051.2861,理论值$[C_{48}H_{54}Co_2N_4O_4]^{2+}$ ([**Ic** − 2X]$^{2+}$): 434.1405; 测量值 434.1409。

配合物 **Id**:合成方法与 **Ia** 相同,用 **LId** 代替 **LIa**,收率:85%。^{1}H NMR (DMSO−d_6, 400 MHz):δ 1.28 (s, 18H), 1.42～1.73 (m, 8H), 1.91 (s, 12H), 2.03～2.07 (m, 10H), 2.32～2.35 (s, 12H), 3.04～3.15 (m, 4H), 3.68～3.70 (m, 4H), 6.61～6.65 (m, 4H), 7.37～7.46 (m, 4H), 7.51～7.56 (m, 2H), 7.81～7.83 (m, 2H), 7.89～7.95 (m, 4H), 8.34～8.46 (m, 2H), 8.65 (s, 2H); ^{13}C NMR (DMSO−d_6, 100 MHz):δ 24.73,

28.88，30.19，31.63，31.87，33.98，36.98，37.91，40.70，41.03，69.82，70.19，115.57，119.61，120.27，124.74，126.48，128.57，129.64，129.83，130.94，132.42，133.45，134.79，136.84，137.73，142.80，158.83，162.28，165.29，165.78，166.87. HRMS（m/z）：Calcd. for $[C_{74}H_{85}Co_2N_6O_9]^+$（$[$**Id**$-X]^+$）：1319.5042；found：1319.5047，理论值$[C_{68}H_{82}Co_2N_4O_4]^{2+}$（$[$**Id**$-2X]^{2+}$）：568.2500；测量值 568.2504。

（2）单金属钴配合物 **II** 的合成

配合物 **II** 的合成参考文献[129,130]。

配合物 **IIb**：^{1}H NMR（DMSO$-d_6$，400 MHz）：δ 1.24（s，18H），1.52～1.58（m，2H），1.78～2.11（m，4H），2.65（s，6H），3.06～3.08（m，2H），3.65～3.76（m，2H），6.44（d，J = 9.0，1H），7.40（s，2H），7.45（s，2H），7.84（d，J = 9.0，1H），7.99（s，2H），8.61（s，1H）；^{13}C NMR（DMSO$-d_6$，100 MHz）：δ 17.4，24.27，29.43，31.40，33.37，69.55，116.85，124.60，125.58，126.47，127.64，128.43，129.55，130.00，132.44，136.43，161.15，164.44，168.70. HRMS（m/z）：理论值$[C_{30}H_{40}CoN_2O_2]^+$（$[$**IIb**$-X]^+$）：519.2422；测量值 519.2430。

配合物 **IIc**：^{1}H NMR（DMSO$-d_6$，400 MHz）：δ 1.29（s，18H），1.52～1.58（m，2H），1.84～1.88（m，2H），1.94～2.02（m，2H），3.04～3.07（m，2H），3.54～3.58（m，2H），6.44（d，J = 8.0，1H），7.38～7.40（m，4H），7.61（s，2H），7.87

(d, J = 8.0, 1H), 8.01 (s, 2H), 8.62 (s, 1H); ^{13}C NMR (DMSO$-d_6$, 100 MHz):δ 24.31, 29.57, 31.43, 33.52, 69.56, 118.04, 122.30, 123.69, 124.77, 125.01, 126.89, 128.91, 130.86, 132.55, 137.16, 161.29, 163.13, 164.28. HRMS (m/z):理论值[$C_{28}H_{36}CoN_2O_2$]$^+$ ([**IIc**$-$X]$^+$):491.2109;测量值 491.2105。

配合物 **IId**:^{1}H NMR (DMSO$-d_6$, 400 MHz):δ 1.25 (s, 9H), 1.30 (s, 9H), 1.54～1.63 (m, 2H), 1.72 (s, 9H), 1.75～1.80 (m, 4H), 1.99 (s, 6H), 2.19 (s, 3H), 2.35 (d, J = 6.8 Hz, 3H), 2.63 (d, J = 14.8 Hz, 3H), 2.90～2.94 (m, 1H), 3.14～3.17 (m, 1H), 3.65～3.68 (m, 2H), 6.50～6.55 (m, 1H), 7.39 (s, 2H), 7.46 (s, 2H), 7.70～7.72 (m, 1H), 7.82 (s, 1H), 7.86 (s, 1H), 8.64 (s, 1H); ^{13}C NMR (DMSO$-d_6$, 100 MHz):δ 29.71, 34.02, 35.56, 35.79, 36.78, 36.89, 38.87, 40.84, 41.16, 42.00, 68.62, 69.76, 119.69, 119.85, 122.70, 124.02, 125.76, 127.84, 129.83, 130.69, 133.31, 134.31, 134.74, 141.05, 141.37, 141.67, 146.82, 147.20, 147.93, 165.70, 166.96, 168.03. HRMS (m/z):理论值[$C_{42}H_{58}CoN_2O_2$]$^+$([**IId**$-$X]$^+$):681.3830;测量值 681.3836。

(3)双功能钴配合物 **III** 的合成[131]

(4)双金属钴配合物 **IV** 的合成[125],如图 3.1.2 所示。

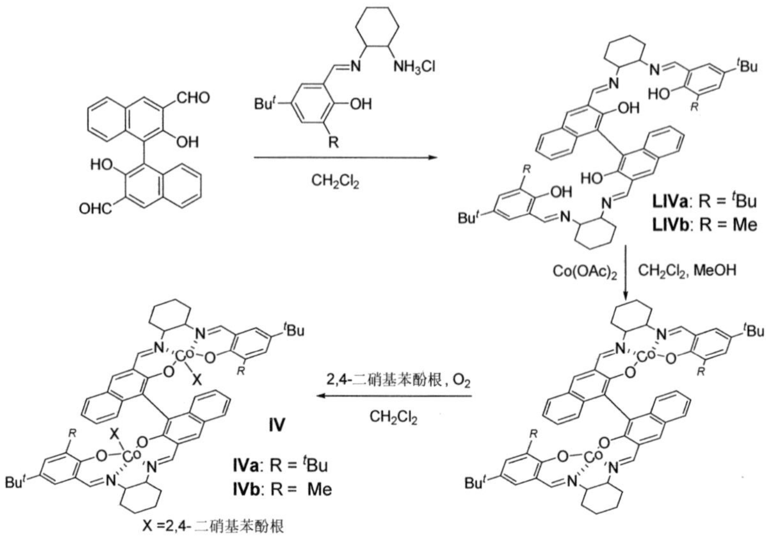

图 3.1.2　双金属钴配合物 **IV** 的合成

Fig. 3.1.2　Synthesis of dinuclear complexes **IV**

配体 **LIVa** 和 **LIVb** 的合成参考文献[125]。

化合物(***R*,*R*,*S*,*R*,*R***)－**LIVa**：$[\alpha]_{D20}$ = －430 (c = 1，在 $CHCl_3$ 中)．^1H NMR ($CDCl_3$，400 MHz)：δ 1.25 (s，18H)，1.37～1.45 (m，4H)，1.49 (s，18H)，1.64～1.74 (m，4H)，1.81～1.90(m，8H)，3.14～3.20 (m，2H)，3.41～3.47 (m，2H)，6.98 (d，J = 2.4 Hz，2H)，7.06～7.08 (m，2H)，7.20～7.22 (m，4H)，7.32 (d，J = 2.5 Hz，2H)，7.72～7.74 (m，2H)，7.81 (s，2H)，8.23 (s，2H)，8.59 (s，2H)，12.93 (s，2H)，13.81 (s，2H)；^{13}C NMR ($CDCl_3$，100 MHz)：δ 24.17，24.36，

29.64，31.64，32.61，33.62，34.21，35.13，71.53，73.10，116.32，117.83，120.98，123.30，124.81，126.39，127.03，127.66，128.26，128.96，133.83，135.18，136.39，140.06，154.68，158.11，165.50，166.31. HRMS (m/z)：理论值[$C_{64}H_{78}N_4O_4Na$]$^+$：989.5921，测量值 989.5929。

化合物(***S***,***S***,***S***,***S***,***S***)－**LIVa**：$[\alpha]_{D20}$ = ＋410 (c = 1，在 $CHCl_3$ 中)．^{1}H NMR ($CDCl_3$，400 MHz)：δ 1.18 (s，18H)，1.36～1.42 (m，4H)，1.46 (s，18H)，1.61～1.75 (m，4H)，1.81～1.98(m，8H)，3.17～3.23 (m，2H)，3.36～3.42 (m，2H)，6.89(d，J = 2.4 Hz，2H)，7.03～7.05 (m，2H)，7.12～7.16 (m，2H)，7.19～7.23 (m，2H)，7.31 (d，J = 2.5 Hz，2H)，7.73～7.75 (m，2H)，7.80 (s，2H)，8.18 (s，2H)，8.53 (s，2H)，13.08 (s，2H)，13.79 (s，2H)；^{13}C NMR ($CDCl_3$，100 MHz)：δ 24.37，24.48，29.63，31.60，33.02，33.48，34.21，35.21，71.92，73.48，116.48，117.94，120.98，123.34，124.91，126.06，127.07，127.71，128.39，128.95，133.78，135.30，136.58，140.14，154.71，158.18，165.43，166.09. HRMS (m/z)：理论值[$C_{64}H_{78}N_4O_4Na$]$^+$：989.5921，测量值 989.5917。

化合物(***R***,***R***,***S***,***R***,***R***)－**LIVb**：$[\alpha]_{D20}$ = －420 (c = 1，在 $CHCl_3$ 中)．^{1}H NMR ($CDCl_3$，400 MHz)：δ 1.24 (s，18H)，1.36～1.45 (m，4H)，1.60～1.71 (m，4H)，1.81～1.89 (m，6H)，

1.97～2.00（m，2H），2.29（s，6H），3.18～3.24（m，2H），3.36～3.42（m，2H），6.99（d，J = 2.4 Hz，2H），7.01～7.10（m，2H），7.18（d，J = 2.5 Hz，2H），7.21～7.23（m，4H），7.76～7.79（m，2H），7.85（s，2H），8.23（s，2H），8.54（s，2H），12.99（s，2H），13.45（s，2H）；^{13}C NMR（$CDCl_3$，100 MHz）：δ 15.96，24.05，24.23，31.62，32.74，33.52，33.99，71.70，73.31，116.43，117.27，121.01，123.34，124.87，125.08，125.88，127.66，128.33，129.03，130.98，133.83，135.25，140.78，154.74，157.16，165.14，165.76. HRMS（m/z）：理论值[$C_{58}H_{66}N_4O_4Na$]$^+$：905.4982，测量值 905.4971。

配合物 **IVa** 和 **IVb** 的合成：

配合物（***R*，*R*，*S*，*R*，*R***）－**IVa**：^{1}H NMR（DMSO－d_6，400 MHz）：δ 1.34（s，18H），1.46（s，18H），1.56～1.80（m，8H），1.92～2.02（m，4H），3.08～3.12（m，4H），3.42～3.52（m，4H），6.83～7.45（m，14H），7.80～7.91（m，4H），8.01～8.67（m，6H）. HRMS（m/z）：理论值[$C_{70}H_{77}Co_2N_6O_9$]$^+$（[**IVa**－X]$^+$）：1263.4416；测量值 1263.4412，理论值[$C_{64}H_{74}Co_2N_4O_4$]$^{2+}$（[**IVa**－2X]$^{2+}$）：540.2187；测量值 540.2195。

配合物（***S*，*S*，*S*，*S*，*S***）－**IVa**：^{1}H NMR（DMSO－d_6，400 MHz）：δ 1.14（s，18H），1.34（s，18H），1.54～1.71（m，8H），1.94～2.14（m，4H），3.04～3.14（m，4H），3.44～3.54（m，4H），6.74～7.85（m，14H），7.91～7.98（m，4H），8.11～8.87

(m, 6H). HRMS (m/z):理论值[$C_{70}H_{77}Co_2N_6O_9$]$^+$ ([**IVa**−X]$^+$):1263.4416;测量值 1263.4422,理论值[$C_{64}H_{74}Co_2N_4O_4$]$^{2+}$ ([**IVa**−2X]$^{2+}$):540.2187;测量值 540.2183。

配合物(***R*,*R*,*S*,*R*,*R***)−**IVb**:^{1}H NMR (DMSO−d_6, 400 MHz):δ 1.40 (s, 18H), 1.51～1.68 (m, 8H), 1.89～2.00 (m, 4H), 2.80 (s, 6H), 3.06～3.12 (m, 4H), 3.51～3.69 (m, 4H), 6.70～7.65 (m, 14H), 7.90～8.02 (m, 4H), 8.12～8.68 (m, 6H). HRMS (m/z):理论值[$C_{64}H_{65}Co_2N_6O_9$]$^+$ ([**IVb**−X]$^+$):1179.3477;测量值 1179.3474,理论值[$C_{58}H_{62}Co_2N_4O_4$]$^{2+}$ ([**IVb**−2X]$^{2+}$):498.1718;测量值 498.1720。

3.2 2,3-环氧-1,2,3,4-四氢化萘的合成

2,3-环氧-1,2,3,4-四氢化萘的合成方法参见文献[132],如图3.2.1所示。

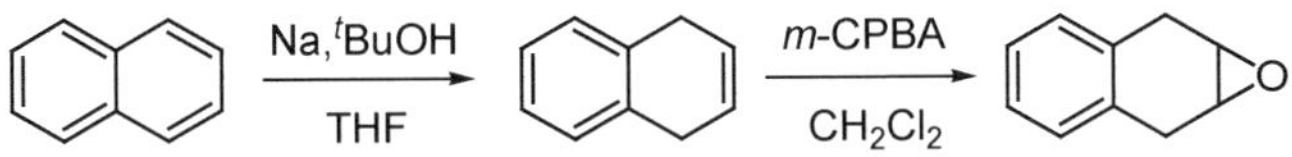

图 3.2.1 2,3-环氧-1,2,3,4-四氢化萘的制备

Fig. 3.2.1 Synthesis of 2,3-epoxy-1,2,3,4-tetrahydronaphthalene

^{1}H NMR ($CDCl_3$, 400 MHz):δ 3.18～3.35 (m, 4H), 3.47 (s, 2H), 7.04～7.04 (m, 2H), 7.14～7.16 (m, 2H); ^{13}C NMR

($CDCl_3$，100 MHz)：δ 29.87，51.89，126.68，129.41，131.63. HRMS (m/z)：理论值$[C_{10}H_{10}ONa]^+$ ($[M+Na]^+$)：169.0629；测量值 169.0639。

3.3 CO_2与环氧烷烃的聚合反应

配有磁子的高压釜于 120 ℃干燥 12 h 以上，抽真空待其冷却至室温，冲入氮气准备使用。在氮气保护下，室温称取一定量的催化剂、助催化剂和精制环氧烷烃，置于高压釜中。向釜中充入指定压力的 CO_2，然后将其放入已经设定好温度的油浴中，开动磁力搅拌。反应到约定时间，一般控制转化率 40%左右，停止搅拌，缓慢放出剩余 CO_2。取出极少量的反应混合物，用于进行^{1}H NMR 和 GPC 测试，将剩余的反应聚合物进行提纯。

聚合物的提纯：先将粗品溶于少量的二氯甲烷，再加入大量甲醇，并剧烈搅拌，使聚合物沉淀出来，反复重复此过程，可得到白色聚合物，经真空干燥后待用。

3.4 聚碳酸酯结构分析和对映体过量值的测定

3.4.1 聚碳酸酯结构分析

聚合过程中产生的副产物以及聚合物的不同结构可以通过核磁清晰地表征出来，相关的分析结果数据均列于表 3.4.1 中。

表 3.4.1　内消旋环氧烷烃、聚碳酸酯及环状碳酸酯的相关核磁数据

Tab. 3.4.1　^{1}H NMR spectrum of *meso*-epoxides, polycarbonates and cyclic carbonates

序号	聚合物	环氧烷烃	聚碳酸酯	聚醚	环状碳酸酯
1	PCPC	3.44 (2H)	4.9～5.0 (2H)	3.2～3.6 (2H)	5.09 (顺式) (2H) 未报道(反式)
2	PCHC	3.13 (2H)	4.6～4.7 (2H)	3.2～3.6 (2H)	3.96 (反式) (2H) 4.71 (顺式)(2H)

对于环氧环戊烷与 CO_2 的去对称共聚反应：

环氧烷烃转化率 $= (A_{5.09} + A_{4.9\sim5.0} + A_{3.2\sim3.6})/(A_{5.09} + A_{4.9\sim5.0} + A_{3.2\sim3.6} + A_{3.44})$

碳酸酯单元含量 $= A_{4.9\sim5.0}/(A_{4.9\sim5.0} + A_{3.2\sim3.6})$

聚合物选择性 $= A_{4.9\sim5.0}/(A_{4.9\sim5.0} + A_{5.09})$

(1)^{1}H NMR：通过对比不同类别质子的积分面积，可计算出聚合反应中环氧烷烃的转化率、聚合物选择性以及聚合物中碳酸酯单元的含量[以聚碳酸环戊烯酯(PCPC)和聚碳酸环己烯酯(PCHC)为例计算转化率、碳酸酯单元含量以及聚合物的选择性，其他 CO_2 聚合物的核磁化学位移与其相似，不再赘述]。

(2)^{13}C NMR：如果聚合物主链上碳原子的化学和立体环境存在细微的差别，其^{13}C NMR 谱图会略有不同，这为鉴定聚合物微观结构提供了重要的信息。图 3.4.1 分别是无规立构聚碳酸环己烯酯(PCHC)和聚碳酸环戊烯酯(PCPC)的^{13}C NMR 羰基局部放大图。对于 PCHC，152.8～153.5 ppm 为间同结构为主的 PCHC 的信号峰，153.8 ppm 为全同结构为主的 PCHC 的信号峰。应用两者之间的积分面积比值，就可以粗略计算 PCHC 的全同和间同结构含量，以此来衡量聚合物的立构规整性。相对全同和间同的 PCHC 的羰基碳可以在^{13}C NMR 清晰地表现出来，PCPC 的^{13}C NMR 就显得过于复杂，不同微观结构 PCPC 的化学位移很接近。

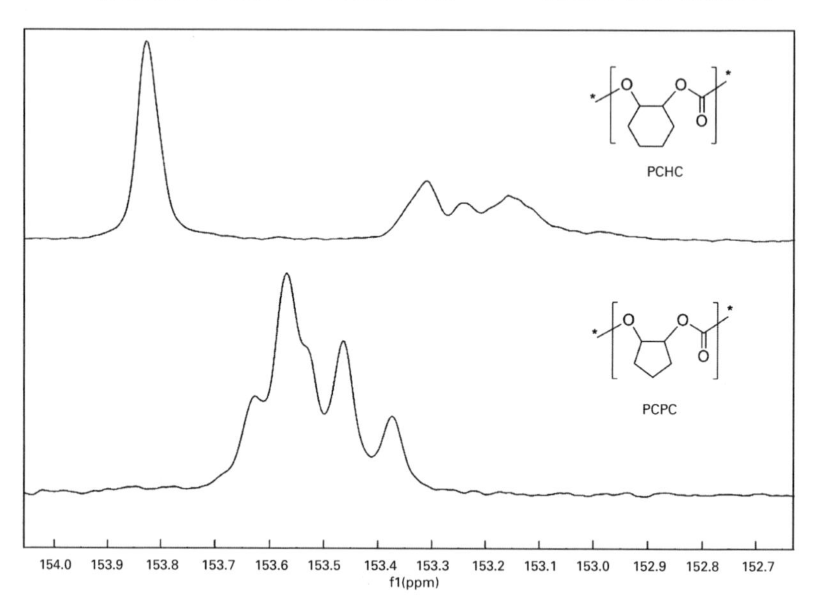

图 3.4.1　无规立构 PCHC 和 PCPC 的^{13}C NMR 羰基局部放大图

Fig. 3.4.1　^{13}C NMR spectrum of carbonyl region of atactic PCHC and PCPC

3.4.2　聚碳酸酯对映体过量值的测定

由于聚碳酸酯具有很好的可降解性，在碱性条件下，可以降解为有机小分子，并且，手性中心碳原子构型保持不变，通过手性柱可以测试其对映体过量值(*ee* 值)，此值的高低可以反映出聚合物手性中心原子间的立体排布信息。

(1)PCHC 的水解以及环己二醇 *ee* 值的测定

如图 3.4.2 所示,在 50 mL 的圆底烧瓶中,将 80 mg 的 PCHC 溶于 10 mL 的四氢呋喃,待其完全溶解后,加入 2 mL 的甲醇和 2 mL的 4 mol/L 氢氧化钠水溶液,室温下搅拌 6 h。加入 2 mol/L 的稀盐酸将其 pH 调节为中性,用乙酸乙酯萃取有机相(10 mL × 3),将有机相合并,无水硫酸钠干燥过夜。旋干溶剂,应用柱层析法(硅胶柱;展开剂:石油醚/乙酸乙酯 = 5/1)分离提纯,旋除溶剂得到手性环己二醇(46 mg),通过手性气相分析测定对映体过量值。手性毛细管气相色谱柱:Agilent HP-Chiral 19091G-B213, 30 m × 0.25 mm id × 0.25 μm film。色谱检测条件:进样温度,250 ℃;氢火焰检测器温度,250 ℃;气化室温度,120 ℃。样品保留时间:t_R[(*S*,*S*)-对映异构体] = 24.0 min, t_R[(*R*,*R*)-对映异构体] = 25.8 min。

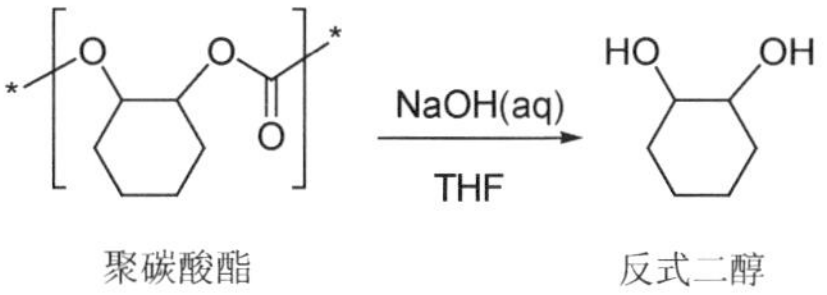

图 3.4.2 PCHC 结构单元的水解

Fig. 3.4.2 Hydrolysis of PCHC

(2)PCPC 的水解以及环戊二醇 *ee* 值的测定

由于手性环戊二醇在实验室现有的手性毛细管气相色谱柱上很难实现分离,故应用苯甲酰氯将其衍生为二酯(图 3.4.3),应用

HPLC 测试其对映体过量值。

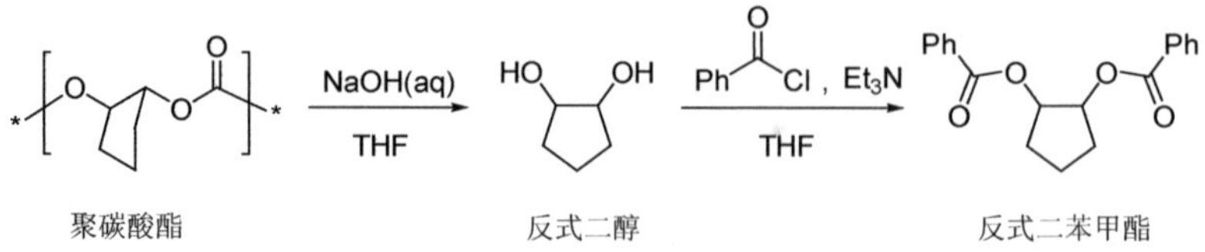

NaOH(aq) THF

Ph–C(O)–Cl, Et_3N THF

聚碳酸酯　　反式二醇　　反式二苯甲酯

图 3.4.3　PCPC 结构单元的水解和衍生化

Fig. 3.4.3　Hydrolysis and derivatization of PCPC

具体方法为:在 50 mL 的圆底烧瓶中,将 80 mg 的 PCPC 溶于 10 mL 的四氢呋喃,待其完全溶解之后,加入 2 mL 的甲醇和 2 mL 的 4 mol/L 的氢氧化钠水溶液,室温下搅拌 6 h。加入 2 mol/L 的稀盐酸将溶液调为中性,用乙酸乙酯萃取有机相(10 mL × 3),将有机相合并,无水硫酸钠干燥过夜。旋干溶剂,应用柱层析法(硅胶柱;展开剂:石油醚/乙酸乙酯 = 5/1)分离提纯,旋除溶剂得到手性环戊二醇(39 mg)。将环戊二醇溶于 2 mL 四氢呋喃中,加入三乙胺(53.8 μL)和苯甲酰氯(66.9 μL),室温搅拌 24 h,加入 10 mL去离子水,用乙酸乙酯萃取有机相(10 mL × 3),将有机相合并,无水硫酸钠干燥过夜。旋干溶剂,应用柱层析法(硅胶柱;展开剂:石油醚/乙酸乙酯 = 10/1)分离提纯,旋除溶剂得到手性环戊二醇的二酯,通过 HPLC 分析测定对映体过量值。手性液相色谱柱,大赛璐公司 Chiralcel OJ-H;流动相,正己烷/异丙醇,90/10;流速,1.0 mL/min;紫外检测器波长,254 nm。样品保留时间:t_R[(*S*,*S*)-对映异构体] = 6.8 min, t_R[(*R*,*R*)-对映异构体]

= 9.2 min。

(3)顺-2,3-环氧丁烷 CO_2 共聚物(PCBC)的水解以及 *ee* 值的测定

顺-2,3-环氧丁烷 CO_2 共聚物降解为手性反式二醇，通过手性气相色谱测试其对映体过量值(图 3.4.4)。具体方法参考 PCHC 的 *ee* 值测定。手性毛细管气相色谱柱：Agilent CP-Chirasil-Dex, 25 m × 0.25 mm id × 0.25 μm film。色谱检测条件：进样温度，250 ℃；氢火焰检测器温度，275 ℃；气化室温度，90 ℃。样品保留时间：t_R[(*S*,*S*)-对映异构体] = 7.10 min，t_R[(*R*,*R*)-对映异构体] = 7.5 min。

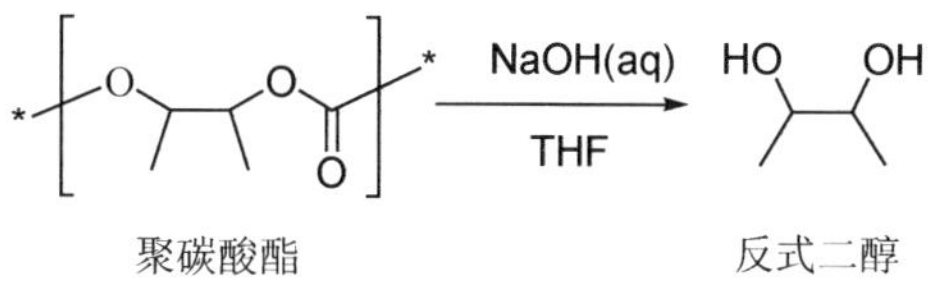

图 3.4.4 PCBC 结构单元的水解

Fig. 3.4.4 Hydrolysis of PCBC

(4)2,3-环氧-1,2,3,4-四氢化萘 CO_2 共聚物(PCTC)的水解以及 *ee* 值的测定

2,3-环氧-1,2,3,4-四氢化萘 CO_2 共聚物降解为手性反式二醇，通过手性气相色谱测试其对映体过量值(图 3.4.5)。具体方法参考 PCHC 的 *ee* 值测定。手性毛细管气相色谱柱：Agilent CP-Chirasil-Dex, 25 m × 0.25 mm id × 0.25 μm film。色谱检测条件：进样温度，250 ℃；氢火焰检测器温度，275 ℃；气化室温度，

150 ℃。样品保留时间：t_R[(*S*,*S*)-对映异构体] = 38.2 min，t_R[(*R*,*R*)-对映异构体] = 40.7 min。

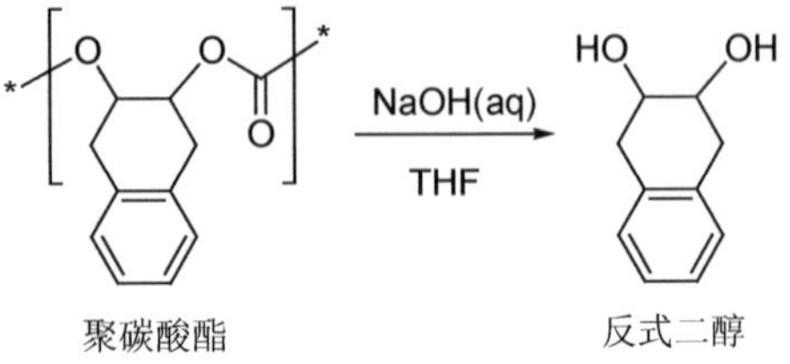

图 3.4.5　PCTC 结构单元的水解

Fig. 3.4.5　Hydrolysis of PCTC

3.5　高立构规整性聚碳酸环戊烯酯的制备

3.5.1 单金属钴配合物催化的 CO_2/CPO 共聚反应

首先，作者研究了单金属钴配合物催化 CO_2/CPO 的共聚反应（表 3.5.1）。虽然配合物 **IIa** 在催化 PO、CHO 与 CO_2 共聚反应中具有高的活性，但是在 CO_2/CPO 共聚反应中活性很低，体系不加入助剂，反应温度为 25 ℃，CO_2 压力 2.0 MPa，[**IIa**]/[CPO]的摩尔比为 1/500 的条件下，共聚反应完全没有催化活性（表 3.5.1，序号 1）。虽然加入助剂 PPNX（X 是 2,4-二硝基苯酚根负离子）会略微提高催化活性（转化频率 = 3 h^{-1}），但是反应会导致 7%的环状碳酸酯形成（表 3.5.1，序号 2）。改变催化剂 3-位的位阻，反应的活性仍旧很差（转化频率 < 10 h^{-1}）（表 3.5.1，序号 3 和 4）。应用催化 CO_2/CHO 聚合具有高的立体选择性、3-位具有大位阻的

配合物(*S*,*S*)-**IId**,活性仍不理想(表 3.5.1,序号 5)。尤其当 CPO、(*S*,*S*)-**IIa**、PPNX 的比例提高到 1000/1/1,反应的转化频率 $< 1\ h^{-1}$(表 3.5.1,序号 6)。而本课题组之前开发的高活性的双功能催化剂(*S*,*S*)-**III**,在催化 CO_2/CPO 共聚合反应活性仍很差(表 3.5.1,序号 7)。此外,单金属配合物催化 CO_2/CPO 共聚不仅活性低,反应的立体选择性也很差(*ee* < 40%)。此催化结果也间接说明,CPO 是一类反应性很低的环氧烷烃,目前的催化体系很难实现其与 CO_2 高活性、高立体选择性聚合,亟须开发新的催化体系。

表 3.5.1 单金属钴配合物催化的 CO_2/CPO 共聚反应

Tab. 3.5.1 Mononuclear Co(Ⅲ)-Salen mediated desymmetrization CO_2/CPO copolymerization

序号	催化剂	催化剂/PPNX/CPO(摩尔比)	反应时间/h	转化频率/h^{-1}	聚合物选择性/%PCPC	分子量/($kg \cdot mol^{-1}$)	分子量分布	对映选择性/%
1	(*S*,*S*)−**IIa**	1/—/500	48	—	—	—	—	—
2	(*S*,*S*)-**IIa**/PPNX	1/1/500	48	3	93	11.8	1.18	31(*R*,*R*)
3	(*S*,*S*)-**IIb**/PPNX	1/1/500	24	8	95	12.6	1.31	28(*S*,*S*)
4	(*S*,*S*)-**IIc**/PPNX	1/1/500	48	3	94	8.9	1.26	10(*S*,*S*)
5	(*S*,*S*)-**IId**/PPNX	1/1/500	48	2	78	7.2	1.31	36(*R*,*R*)
6	(*S*,*S*)-**IIa**/PPNX	1/1/1000	48	<1	90	—	—	—
7	(*S*,*S*)-**III**	1/—/500	48	3	>99	14.0	1.21	32(*R*,*R*)

注:反应温度为 25 ℃,CO_2压力为 2.0 MPa,X 是 2,4−二硝基苯酚根负离子,碳酸酯单元含量>99%。

3.5.2 双金属钴配合物催化的 CO_2/CPO 共聚反应

正如期望的那样，双金属配合物 **Ia**～**Id** 在催化 CO_2/CPO 共聚方面具有高的催化活性。例如，[(*S*,*S*,*S*,*S*)-**Ia**]/[CPO] = 1/1000，反应温度为 25 ℃，CO_2 压力为 2.0 MPa，催化反应的转化频率达到 235 h^{-1}，并且产物选择性和碳酸酯单元含量都>99%，聚合物分子量高达 36.5 kg/mol，将聚合物降解并衍生，测试其 *ee* 值为 72% (*S*,*S*)(表 3.5.2，序号 1)。通过改变 3-位的位阻发现，取代基的位阻越小，反应的立体选择性越高，使用(*S*,*S*,*S*,*S*)-**Ib** 或者 **Ic**，聚合物的 *ee* 值分别可达到 85%和 86%，然而，3-位的大位阻取代基反而不利于聚合反应的进行(表 3.5.2，序号 2～4)。值得一提的是，此类双金属催化剂在催化 CO_2/CPO 共聚时，反应的立体诱导方向正好与单金属钴配合物相反，应用(*S*,*S*,*S*,*S*)-催化剂会得到(*S*,*S*)-过量的聚碳酸酯。此外，加入助催化剂 PPNX(X 是 2,4-二硝基苯酚根负离子)会显著提高反应的立体选择性，当(*S*,*S*,*S*,*S*)-**Ib**(或者 **Ic**)、PPNX、CPO 的摩尔比为 1/2/1000，反应温度为 25 ℃，CO_2 压力为 2.0 MPa，反应不仅仅可以高效进行，而且得到的聚碳酸酯的 *ee* 值>99%，比旋光度高达+58°，说明此共聚反应制备了完美全同结构的聚碳酸环戊烯酯，这是该领域首次在温和条件下成功制备出完美全同结构的聚碳酸酯(表 3.5.2，序号 6 和 7)。虽然基于联萘的双金属钴配合物 **IV** 在催化端位环氧烷烃均聚具有高的活性和立体选择性[125-127]，但用于 CO_2/CPO 共聚反应的立体选择性和活性都不理想，尤其是反应会伴有一定量的环状碳酸酯形成(表 3.5.2,序号 9～11)。

表 3.5.2　双金属钴催化的 CO_2/CPO 去对称共聚反应

Tab. 3.5.2　Dinuclear Co(Ⅲ)-complex-mediated desymmetrization CO_2/CPO copolymerization

手性催化剂

+ CO_2

序号	催化剂	反应时间/h	转化频率/h^{-1}	聚合物选择性/%PCPC	分子量/($kg \cdot mol^{-1}$)	分子量分布	对映选择性/%	比旋光度/°
1	(*S*,*S*,*S*,*S*)-**Ia**	1	235	>99	36.5	1.27	72(*S*,*S*)	40(+)
2	(*S*,*S*,*S*,*S*)-**Ib**	1	225	>99	34.2	1.26	85(*S*,*S*)	51(+)
3	(*S*,*S*,*S*,*S*)-**Ic**	1	235	>99	35.9	1.25	86(*S*,*S*)	51(+)
4	(*S*,*S*,*S*,*S*)-**Id**	24	11	>99	18.6	1.21	45(*S*,*S*)	26(+)
5	(*S*,*S*,*S*,*S*)-**Ia**/PPNX	2	191	>99	35.0	1.28	81(*S*,*S*)	46(+)
6	(*S*,*S*,*S*,*S*)-**Ib**/PPNX	2	199	>99	29.8	1.24	>99(*S*,*S*)	58(+)
7	(*S*,*S*,*S*,*S*)-**Ic**/PPNX	2	201	>99	31.7	1.26	>99(*S*,*S*)	58(+)
8	(*S*,*S*,*S*,*S*)-**Id**/PPNX	24	10	>99	15.0	1.27	51(*S*,*S*)	30(+)
9	(*R*,*R*,*S*,*R*,*R*)-**IVa**/PPNX	48	6	94	7.5	1.32	25(*R*,*R*)	15(−)
10	(*S*,*S*,*S*,*S*,*S*)-**IVa**/PPNX	48	4	93	5.6	1.21	33(*R*,*R*)	20(−)
11	(*R*,*R*,*S*,*R*,*R*)-**IVb**/PPNX	48	7	95	8.7	1.28	20(*R*,*R*)	10(−)

注:(1) [催化剂]/[PPNX]/[CPO] = 1/2/1000(摩尔比),反应温度为 25 ℃,CO_2 压力为2.0 MPa。

(2)碳酸酯单元含量>99%,X 是 2,4－二硝基苯酚根负离子。

应用高活性和立体选择性的催化剂(*S*,*S*,*S*,*S*)-**Ib**,系统考察了反应温度、压力和溶剂对于聚合反应的影响。该双金属配合物在低压(0.6 MPa),甚至常压(0.1 MPa)下仍具有较高的催化活性,只是立体诱导略有下降(表 3.5.3, 序号 2 和序号 3),升高 CO_2 压力,对活性和立体选择性没有太大影响(表 3.5.3, 序号 4)。但温度对于不对称诱导和活性具有较大影响，升高温度会提高反应活性，但是却不利于不对称诱导，当温度升至 50 ℃，反应的转化频率高达 647 h^{-1}，但是聚碳酸酯的 *ee* 值降低到 88%。当温度升至 80 ℃，由于催化剂失活导致反应的活性降低(表 3.5.3，序号 5 和序号 6)。在聚合过程中加入溶剂，不仅可以实现环氧烷烃完全转化，并且得到的聚碳酸酯具有高的分子量。例如，以甲苯为反应溶剂，实现环氧环戊烷的完全转化，反应的立体选择性保持不变，并且获得数均分子量大于 100000 g/mol 的聚碳酸酯(表 3.5.3，序号 9)。

表 3.5.3　反应条件对 CO_2/CPO 去对称共聚反应的影响

Tab. 3.5.3　Effect of reaction conditions on the desymmetrization CO_2/CPO copolymerization

+ CO_2 —手性催化剂→

序号	催化剂/PPNX/CPO(摩尔比)	反应温度/℃	CO_2 压力/MPa	反应时间/h	转化频率/h^{-1}	分子量/(kg·mol^{-1})	分子量分布	对映选择性/%	比旋光度/°
1	1/2/1000	25	2	2	199	29.8	1.24	>99(*S*,*S*)	58(+)
2	1/2/1000	25	0.1	8	42	20.2	1.41	96(*S*,*S*)	56(+)
3	1/2/1000	25	0.6	2	128	23.8	1.25	97(*S*,*S*)	57(+)
4	1/2/1000	25	4	2	249	37.9	1.21	99(*S*,*S*)	57(+)
5	1/2/1000	50	2	0.5	647	22.2	1.40	88(*S*,*S*)	52(+)
6	1/2/1000	80	2	1	89	10.1	1.26	75(*S*,*S*)	44(+)
7	1/2/1000	25	2	6	167	73.4	1.28	>99(*S*,*S*)	58(+)
8	1/2/2000	25	2	6	137	30.9	1.28	>99(*S*,*S*)	58(+)
9	1/2/2000	25	2	18	111	107.9	1.36	>99(*S*,*S*)	58(+)

注：(1)反应条件：催化剂为(*S*,*S*,*S*,*S*)-**Ib**，X 是 2,4－二硝基苯酚根负离子。

(2)序号 7 和 9，甲苯为反应溶剂，CPO/甲苯 ＝ 1/2(体积比)。

(3)聚合物选择性>99%，碳酸酯单元含量>99%。

将反应得到的聚合物用 CH_2Cl_2/MeOH 洗涤后，经过 ^1H NMR 表征(图 3.5.1)，发现次甲基上的 Ha 由于与碳酸酯单元相近，化学位移在低场 5.01 左右，并且在 3.4～3.6 之间没有环氧环戊烷的均聚产物出现，表明其完全交替结构的形成。而对于亚甲基上的 Hb 和 Hc，由于五元环的构象差异，导致磁不等价，一个出现在 2.2 左右，而另一个则与 Hd 重合，出现在 1.8 左右，$^1H-^1H$ 相关二维谱验证了此结果(图 3.5.2)。

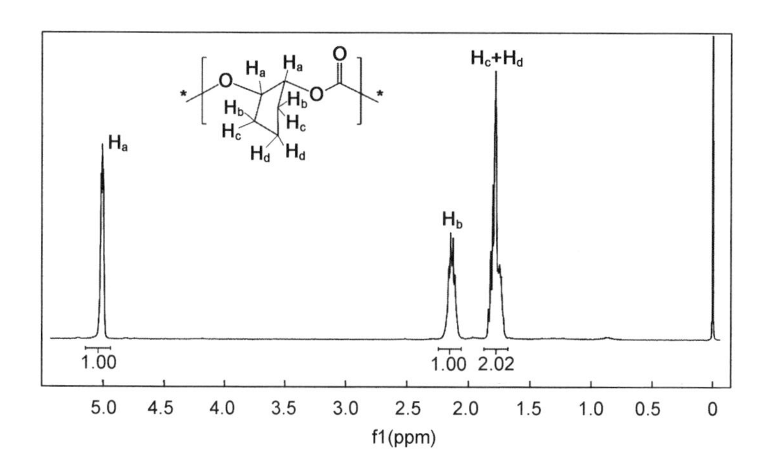

图 3.5.1　聚碳酸环戊烯酯的 ^1H NMR 谱图

Fig. 3.5.1　^1H NMR spectrum of a representative sample of PCPC in $CDCl_3$

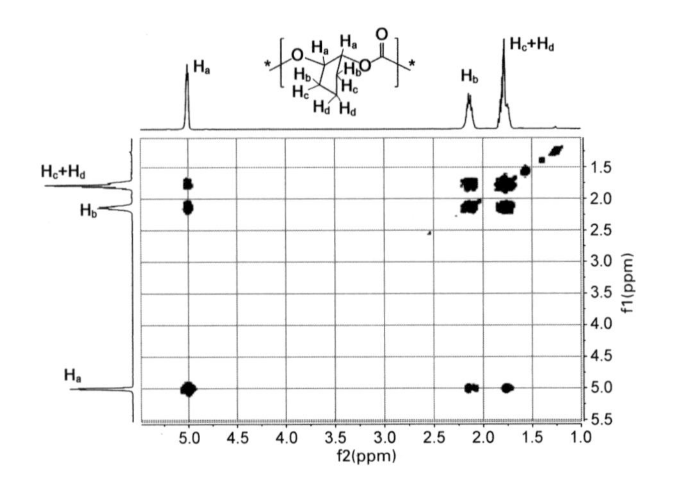

图 3.5.2 聚碳酸环戊烯酯的 ^{1}H—^{1}H 相关二维谱图

Fig. 3.5.2 ^{1}H-^{1}H COSY-NMR spectrum of PCPC in $CDCl_3$

对于不同立构规整度的 PCPC 的 ^{13}C NMR 研究发现，无规的 PCPC 的 ^{13}C NMR 出现裂分，尤其是羰基碳，在 153.2～163.6 间裂分为多重峰，次甲基碳裂分为积分面积几乎相同的两重峰。随着规整度的提高，聚合物的 ^{13}C NMR 裂分逐渐减弱，尤其是 *ee*＞99％的 PCPC，羰基和次甲基的 ^{13}C NMR 几乎不裂分，这也验证了其完美的全同结构的形成(图 3.5.3)。

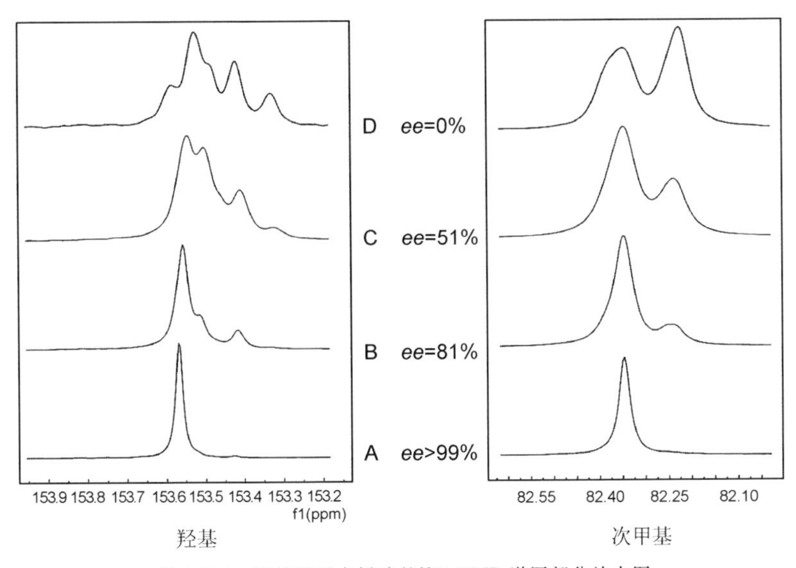

图 3.5.3 聚碳酸环戊烯酯的 ^{13}C NMR 谱图部分放大图

Fig. 3.5.3 ^{13}C NMR spectrum of region of polycarbonates

虽然用基于联苯的双金属钴配合物制备的聚碳酸环戊烯酯具有高的立构规整性，但是 DSC 研究表明，该聚碳酸酯不具有任何结晶或熔融行为。聚合物结晶是一个很复杂的过程，不仅与聚合物链的规整性、对称性、柔顺性有关，外界条件也可以影响聚合物结晶，所以，并不是所有高立构规整性的聚碳酸酯都容易结晶，外界条件的诱导是聚合物结晶的必要条件。本课题组曾报道的高立构规整度的环氧丙烷[133,134]和氧化苯乙烯[135]的 CO_2 共聚物也是不结晶的。从 DSC 图上，可以清晰地看到 PCPC 的玻璃化转变温度 T_g 在 85 ℃左右(图 3.5.4)，并且其热失重分析表明，PCPC 的热分解温度大约 300 ℃，这与 PCHC 相当(图 3.5.5)。

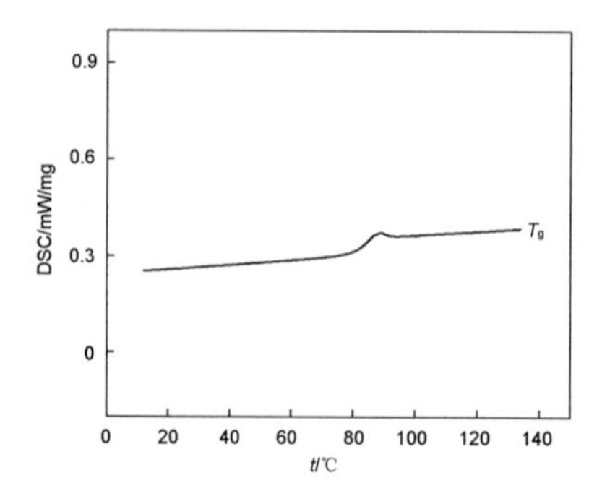

图 3.5.4 聚碳酸环戊烯酯的 DSC 图

Fig. 3.5.4 Representative DSC thermograms curve of PCPC

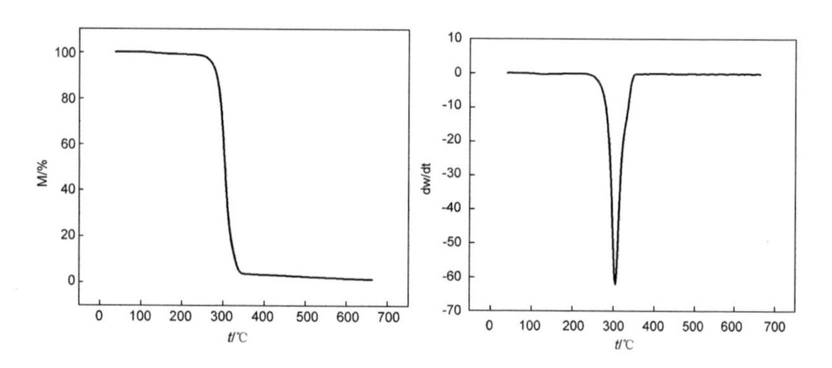

图 3.5.5 聚碳酸环戊烯酯的热失重图

Fig. 3.5.5 Representative thermolysis curve of PCPC

3.6 高立构规整性的聚碳酸环己烯酯的制备

表 3.6.1 是双金属钴配合物催化的 CO_2/CHO 去对称共聚反应数据，在不加入助剂条件下，[**Ia**]/[CHO] = 1/1000，反应温度为 25 ℃，压力为 2.0 MPa，可以高活性(TOF = 194 h^{-1})，高的产物和化学结构选择性得到聚碳酸酯(表 3.6.1，序号 1)。3-位的位阻对活性和立体选择性有重大影响，位阻越大，活性越低，立体选择性越差(表 3.6.1，序号 1～4)。加入助剂，同样会显著提高反应的立体选择性和活性，在常温下，就可以达到约 1400 h^{-1}的催化活性(表 3.6.1，序号 5～7)。以(*S*，*S*，*S*，*S*)-**Ic**/PPNX(X 是 2，4－二硝基苯酚根负离子)为催化体系，在 25 ℃，得到聚碳酸酯的 *ee* 值高达 81%。该催化体系在高单体/催化剂比例条件下仍旧具有高的活性(表 3.6.1，序号 9)。值得注意的是，在 0 ℃，加入助剂 PPNX 和溶剂甲苯的条件下，3-位取代基是氢的双金属钴配合物(*S*，*S*，*S*，*S*)-**Ic**，不仅实现环氧烷烃的完全转化，而且制备出 *ee* 值为 98% 的聚碳酸酯(表 3.6.1，序号 10)。这是首次在温和条件(0 ℃)下，高的催化活性(TOF = 42 h^{-1})，制备出最高的规整度(*ee* = 98%)、高分子量(M_n = 35.6 kg/mol)的聚碳酸环己烯酯。

表 3.6.1 双金属钴催化的 CO_2/CHO 去对称共聚反应

Tab. 3.6.1 Enantiopure Co(Ⅲ)-complex-mediated desymmetrization CO_2/CHO copolymerization

手性催化剂

序号	催化剂	催化剂/PPNX/CHO(摩尔比)	反应时间/h	转化频率/h^{-1}	分子量/(kg·mol^{-1})	分子量分布	对映选择性/%
1	(*S*,*S*,*S*,*S*)-**Ia**	1/—/1000	2	194	20.5	1.25	33(*S*,*S*)
2	(*S*,*S*,*S*,*S*)-**Ib**	1/—/1000	2	189	19.7	1.19	67(*S*,*S*)
3	(*S*,*S*,*S*,*S*)-**Ic**	1/—/1000	2	200	21.1	1.21	71(*S*,*S*)
4	(*S*,*S*,*S*,*S*)-**Id**	1/—/1000	10	17	8.5	1.11	5(*S*,*S*)
5	(*S*,*S*,*S*,*S*)-**Ia**/PPNX	1/2/1000	0.25	1269	16.7	1.21	47(*S*,*S*)
6	(*S*,*S*,*S*,*S*)-**Ib**/PPNX	1/2/1000	0.25	1356	11.5	1.18	77(*S*,*S*)
7	(*S*,*S*,*S*,*S*)-**Ic**/PPNX	1/2/1000	0.25	1409	18.9	1.23	81(*S*,*S*)
8	(*S*,*S*,*S*,*S*)-**Id**/PPNX	1/2/1000	2	173	12.9	1.22	12(*S*,*S*)
9	(*S*,*S*,*S*,*S*)-**Ic**/PPNX	1/2/5000	2	716	22.8	1.20	83(*S*,*S*)
10	(*S*,*S*,*S*,*S*)-**Ic**/PPNX	1/2/1000	24	42	35.6	1.35	98(*S*,*S*)

注:(1) 反应温度为 25 ℃,CO_2压力为 2.0 MPa,X 是 2,4-二硝基苯酚根负离子。

(2) 序号 10,反应温度为 0 ℃,甲苯为反应溶剂,CHO/甲苯 = 1/2(体积比)。

(3) 聚合物选择性>99%,碳酸酯单元含量>99%。

碳谱是检验聚合物规整性的最常用手段之一,*ee* 值为 98%的 PCHC 的^{13}C NMR 表明,此聚合物在化学位移 153.10～153.20 之间的间同结构几乎消失,具有近乎完美的全同结构(图 3.6.1)。图 3.6.2 是此高立构规整度的 PCHC 试样所得的 DSC 曲线。测试方法为:将 5 mg 左右的样品以 10 K/min 的升温速率从室温升到 250 ℃,以消除热历史。然后以 10 K/min 的降温速率降至 20 ℃,再以 10 K/min 的升温速率升至 290 ℃,然后再以 10 K/min 的降温速率降至 20 ℃,记录量热曲线。从中可以清楚地看到,该聚碳酸酯并没有玻璃化转变温度,由于第一段升温程序已经诱导其结晶，故第二段升温过程没有结晶峰出现，但是，在 272.4 °C 具有明显的熔融吸热峰，其熔融吸热焓 ΔH_m 高达 24.698 J/g，降温过程中，在 233.6 °C 出现结晶放热峰，其结晶放热焓 ΔH_c 为 −22.017 J/g，该聚碳酸酯熔融温度明显高于本课题组之前报道的聚碳酸酯[119]，这也间接说明，聚合物的规整度和分子量对于其结晶行为具有较大的影响。

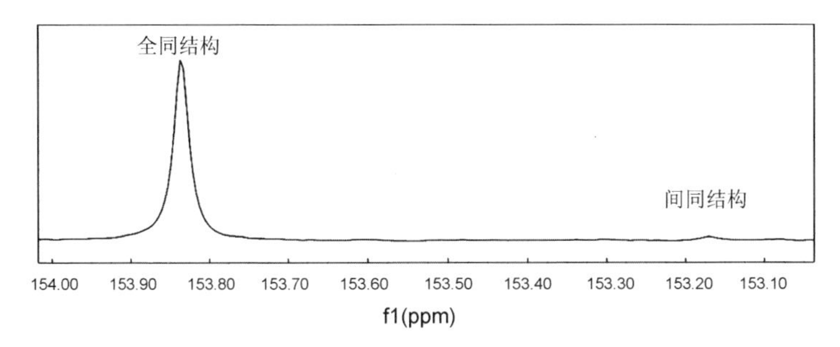

图 3.6.1　*ee* 值为 98%的聚碳酸环己烯酯的 ^{13}C NMR 羰基部分放大图

Fig. 3.6.1　Carbonyl region of ^{13}C NMR spectrum of PCHC with98%*ee*

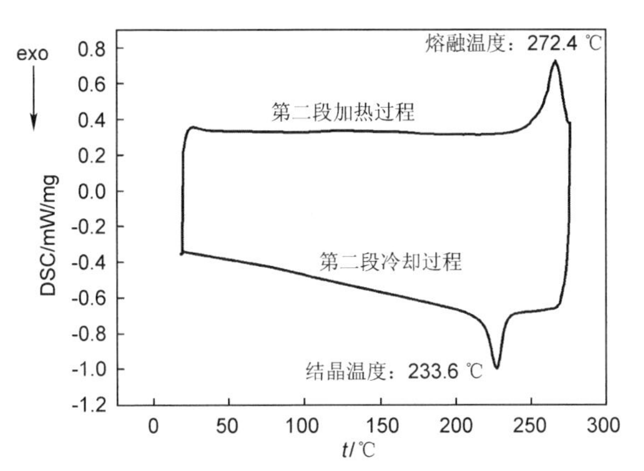

图 3.6.2　*ee* 值为 98%聚碳酸环己烯酯的 DSC 图

Fig. 3.6.2　DSC thermograms of PCHC with 98% *ee*

3.7 高立构规整性顺-2,3-环氧丁烷 CO_2 共聚物的制备

早在 1999 年,Nozaki 教授曾报道了顺-2,3-环氧丁烷与 CO_2 的去对称共聚反应,但是,其活性和立体选择性很差[111]。单金属 Co(Ⅲ)-Salen 配合物 **IIa** 可以催化顺-2,3-环氧丁烷(CBO)与 CO_2 交替共聚,但是,反应活性和立体选择性不够理想(表 3.7.1, 序号 1 和 2)。在 25 ℃,2.0 MPa 压力下,(*S*,*S*,*S*,*S*)-**Ib** 可以高活性(TOF = 982 h^{-1})高立体选择性(*ee* = 97%)催化 CBO/CO_2 共聚(表 3.7.1, 序号 3)。降低温度,反应的立体选择性达到 98%,但是活性会降低(表 3.7.1, 序号 4)。升高温度到50 ℃,反应的 TOF 高达 2482 h^{-1},但是,高温不利于立体诱导,聚合反应的立体选择性降低到 91%(表 3.7.1, 序号 5)。在[(*S*,*S*,*S*,*S*)-**Ib**]/[PPNX]/[CBO] = 1/2/2000 的条件下,CO_2/CBO 共聚仍旧可以进行(X 是 2,4—二硝基苯酚根负离子)(表 3.7.1, 序号 6)。值得一提的是,在反应体系中加入有机助溶剂,不仅可以实现底物的完全转化,反应的立体诱导也有进一步提高(表 3.7.1, 序号 7)。这是首例可以高活性、高立体选择性制备顺-2,3-环氧丁烷与 CO_2 去对称共聚的催化体系。

表 3.7.1 钴配合物催化的 CO_2/CBO 去对称共聚反应

Tab. 3.7.1 Enantiopure Co(Ⅲ)-complex-mediated desymmetrization CO_2/CBO copolymerization

手性催化剂

序号	催化剂	催化剂/PPNX/CBO(摩尔比)	反应温度/℃	反应时间/h	转化频率/h^{-1}	分子量/(kg·mol^{-1})	分子量分布	对映选择性/%	比旋光度/°
1	(*S*,*S*)-**IIa**	1/1/500	25	12	20	20.5	1.16	35(*R*,*R*)	6(+)
2	*rac*-**IIa**	1/1/500	25	12	18	19.3	1.20	0	0
3	(*S*,*S*,*S*,*S*)-**Ib**	1/2/1000	25	0.5	982	25.6	1.24	97(*S*,*S*)	18(−)
4	(*S*,*S*,*S*,*S*)-**Ib**	1/2/1000	0	8	65	26.8	1.21	98(*S*,*S*)	18(−)
5	(*S*,*S*,*S*,*S*)-**Ib**	1/2/1000	50	0.25	2482	27.8	1.21	91(*S*,*S*)	16(−)
6	(*S*,*S*,*S*,*S*)-**Ib**	1/2/2000	25	2	582	35.7	1.22	96(*S*,*S*)	17(−)
7	(*S*,*S*,*S*,*S*)-**Ib**	1/2/1000	25	2	500	48.6	1.22	99(*S*,*S*)	19(−)

注:(1)反应条件:CO_2压力为 2.0 MPa,X 是 2,4-二硝基苯酚根负离子。

(2)聚合物选择性>99%,碳酸酯单元含量>99%。

(3)序号 7,反应以甲苯为溶剂,环氧烷烃/甲苯 = 1/2(体积比)。

图 3.7.1 是 CO_2/CBO 共聚物的^{1}H NMR 表征图,次甲基碳上的氢原子由于受到碳酸酯单元的影响,其化学位移在 4.7 左右,而甲基上的氢原子化学位移较低。不同的规整度的 CBO 共聚物(PCBC)的^{13}C NMR 表明,无规的聚碳酸酯在羰基、次甲基、甲基都裂分为多重峰,但是高立构规整度的聚碳酸酯则无裂分,表明其完美全同结构的形成(图 3.7.2)。尽管环氧丁烷的聚碳酸酯具有高的立构规整性,但其 DSC 研究表明其是无定形的材料,具有 71 ℃左右 T_g(图 3.7.3)。

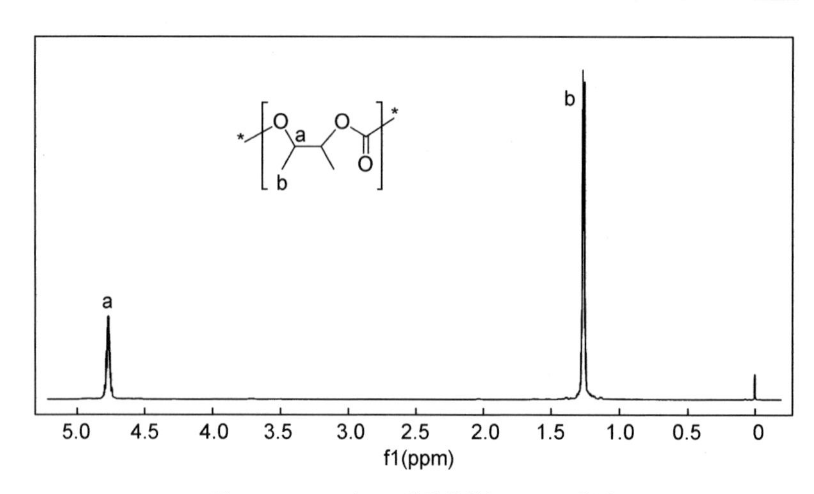

图 3.7.1　CO_2/CBO 共聚物的[1]H NMR 谱图

Fig. 3.7.1　^{1}H NMR spectrum of a representative sample of CO_2/CBO copolymer in $CDCl_3$

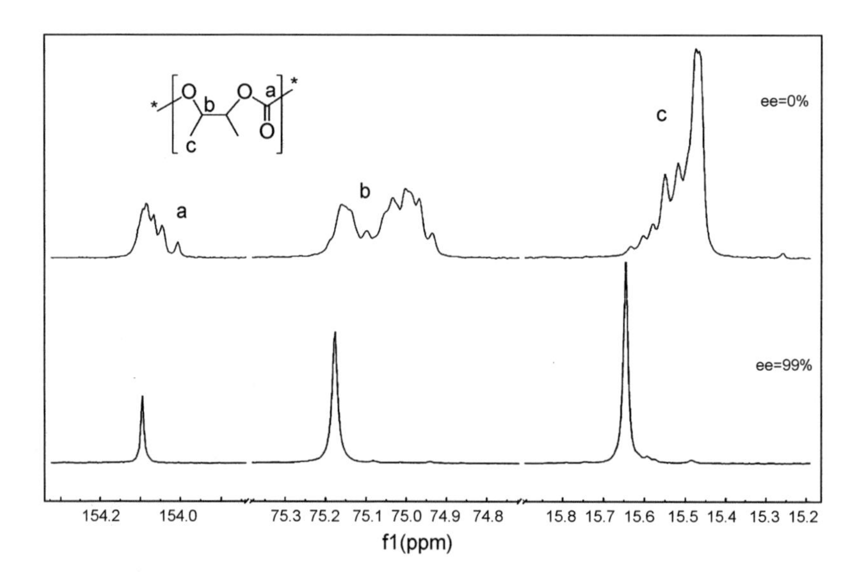

图 3.7.2　不对称催化 CO_2/CBO 聚合反应所得 PCBC 的^{13}C NMR 羰基、次甲基和甲基部分放大图

Fig. 3.7.2　Carbonyl, methine, methyl region of ^{13}C NMR spectrum of the PCBC

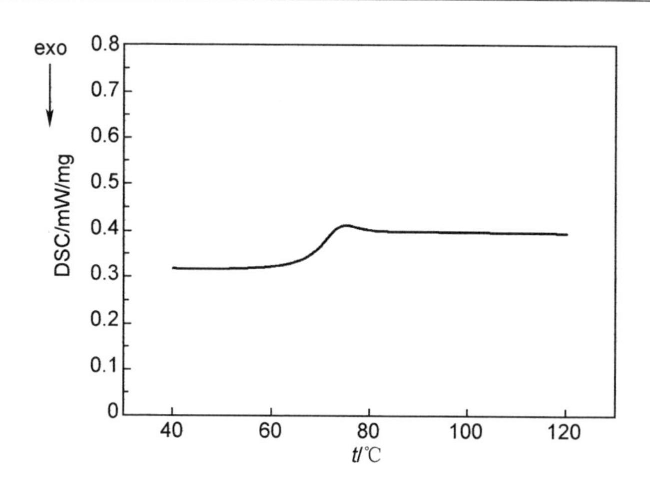

图 3.7.3 CO_2/CBO 共聚物的差示量热扫描图

Fig. 3.7.3 DSC profiles of CO_2/CBO polymers

3.8 高立构规整性 2,3-环氧-1,2,3,4-四氢化萘 CO_2 共聚物的制备

为了进一步提高聚碳酸酯的性能,设计了基于萘的内消旋环氧烷烃。以萘为原料,经过氢化还原、环氧化,制备了 2,3-环氧-1,2,3,4-四氢化萘(CTO),应用高活性、高立体选择性的双金属催化剂,研究了其与 CO_2 的去对称共聚反应。因为 2,3-环氧-1,2,3,4-四氢化萘在室温下是固体,所以共聚反应在甲苯中进行。在25 ℃,[(*S*,*S*,*S*,*S*)-**Ia**]/[PPNX]/[CTO]为 1/2/500,反应的 TOF 达到 99 h^{-1},将聚碳酸酯进行降解,得到反式二醇的对映体过量值为 71% (*S*,*S*)(表 3.8.1, 序号 1)。应用 3-位是甲基的催化剂(*S*,*S*,

S,*S*)-**Ib**,反应的活性提高到 120 h^{-1},立体选择性提高到 91%(*S*,*S*)(表 3.8.1,序号 2)。应用 3-位是氢的催化剂(*S*,*S*,*S*,*S*)-**Ic**,反应的活性提高到 166 h^{-1},立体选择性提高到 98%(*S*,*S*)(表 3.8.1,序号 3)。降低反应温度,虽然活性有所降低,但是,反应的立体选择性高达 99%(表 3.8.1,序号 4)。反应温度升高到 50 ℃,反应的立体选择性有所下降,但是反应的 TOF 提高到 900 h^{-1}(表 3.8.1,序号 5)。通过考察环氧烷烃与甲苯的比例对共聚反应的影响发现,提高环氧烷烃的浓度,当环氧烷烃/甲苯为 1/1(摩尔比)时,反应活性提高到了 247 h^{-1},反应的立体选择性降低到 96%(*S*,S),但是,当环氧烷烃与甲苯的摩尔比降低为 1/4,反应的活性降低为 123 h^{-1},但是,反应的立体选择性提高到 99%(*S*,*S*)(表 3.8.1,序号 6 和 7)。此催化结果说明,3-位的位阻对反应立体选择性和活性影响很大,降低 3-位取代基位阻,反应立体选择性和活性会提高,这与基于联苯的双金属催化剂催化的其他内消旋环氧烷烃与 CO_2 的共聚结果一致。应用单金属催化剂 **IIa**,反应的活性和立体选择性都不理想(TOF $< 20\ h^{-1}$,*ee* = 44%)(表 3.8.1,序号 9 和 10),这说明,单金属催化剂很难高效实现此类内消旋底物与 CO_2 的去对称共聚反应。

表 3.8.1 钴配合物催化的 CO_2/CTO 去对称共聚反应

Tab. 3.8.1 Enantiopure Co(Ⅲ)-complex-mediated desymmetrization CO_2/CTO copolymerization

序号	催化剂	催化剂/PPNX/CBO(摩尔比)	反应温度/℃	反应时间/h	转化频率/h^{-1}	分子量/($kg \cdot mol^{-1}$)	分子量分布	对映选择性/%	比旋光度/°
1	(*S*,*S*,*S*,*S*)-**Ia**	1/2/500	25	5	99	24.1	1.21	71(*S*,*S*)	58 (+)
2	(*S*,*S*,*S*,*S*)-**Ib**	1/2/500	25	4	120	23.7	1.22	91(*S*,*S*)	74 (+)
3	(*S*,*S*,*S*,*S*)-**Ic**	1/2/500	25	3	166	24.4	1.19	98(*S*,*S*)	80 (+)
4	(*S*,*S*,*S*,*S*)-**Ic**	1/2/500	0	24	20	10.1	1.16	99(*S*,*S*)	82 (+)
5	(*S*,*S*,*S*,*S*)-**Ic**	1/2/500	50	0.5	900	22.8	1.23	90(*S*,*S*)	70 (+)
6	(*S*,*S*,*S*,*S*)-**Ic**	1/2/500	25	2	247	26.7	1.22	99(*S*,*S*)	78(+)
7	(*S*,*S*,*S*,*S*)-**Ic**	1/2/500	25	4	123	24.5	1.17	99(*S*,*S*)	82 (+)
8	(*S*,*S*,*S*,*S*)-**Ic**	1/2/1000	25	8	61	40.4	1.16	98(*S*,*S*)	80 (+)
9	*rac*-**IIa**	1/2/200	25	12	15	10.7	1.21	0	0
10	(*S*,*S*)-**IIa**	1/2/200	25	12	16	11.8	1.24	44(*R*,*R*)	38 (−)

注:(1)反应条件:CO_2压力为 2.0 MPa,环氧烷烃/甲苯 = 1/2 (摩尔比),X 是 2,4-二硝基苯酚根负离子,聚合物选择性>99%,碳酸酯单元含量>99%。

(2)序号 6,环氧烷烃/甲苯 = 1/1(摩尔比),序号 7,环氧烷烃/甲苯 = 1/4(摩尔比)。

为了进一步说明此双金属催化剂催化 CO_2/CTO 去对称共聚反应的立体选择性方向,将所得到的高立构规整性的聚碳酸酯进行水解,得到高对映体过量的单一手性反式二醇。应用乙酸乙酯和正己烷为溶剂,培养了此手性二醇的单晶结构,X一单晶衍射表明,此二醇的立体化学构型是(*S*,*S*),说明应用构型为(*S*,*S*,*S*,*S*)的双金属催化剂催化 CO_2/CTO 的去对称共聚反应,得到(*S*,*S*)过量的聚碳酸酯，此结果与环氧环己烷、环氧环戊烷和顺-2，3-环氧丁烷与 CO_2 去对称共聚反应的催化结果一致(图 3.8.1)。

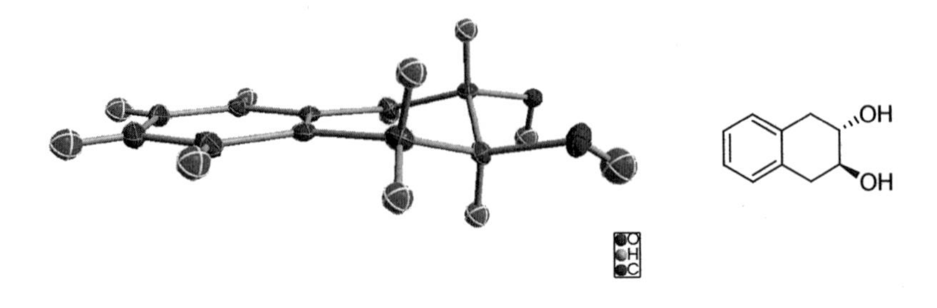

图 3.8.1 CTO 的 CO_2 共聚物降解产物(*S*,*S*)-二醇的单晶图

Fig. 3.8.1 Molecular structure of (*S*,*S*)-diol produced from the hydrolysis of CO_2 copolymers from CTO

图 3.8.2 是 CO_2/CTO 交替共聚物(PCTC)的 ^{1}H NMR 表征图，次甲基碳上的氢原子由于受到碳酸酯单元的影响，其化学位移在 5.1 左右，而亚甲基上的氢原子由于磁不等价性，出现了裂分。不同的规整度的 ^{13}C NMR 表明，无规的聚碳酸酯在羰基、次甲基、亚甲基都裂分为多重峰，但是，高立构规整度的聚碳酸酯则无裂分，表明其完美全同结构的形成(图 3.8.3)。与环氧环戊烷和顺 2，3-环氧丁烷的聚碳酸酯相类似，尽管 2，3-环氧-1，2，3，4-四氢化萘的聚碳酸酯具有高的立构规整性，但其 DSC 研究表明其是无定形材料，值得一提的是，此聚碳酸酯的玻璃化转变温度高达 150 ℃(图 3.8.4)，这是迄今为止，发现的最接近双酚 A 聚碳酸酯玻璃化转变温度的 CO_2 共聚物。

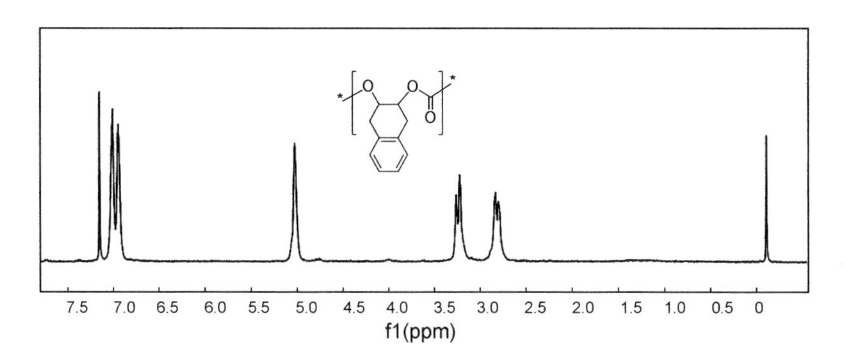

图 3.8.2 CO_2/CTO 交替共聚物的^{1}H NMR 谱图

Fig. 3.8.2 ^{1}H NMR spectrum of a representative sample of CO_2/CTO copolymer in $CDCl_3$

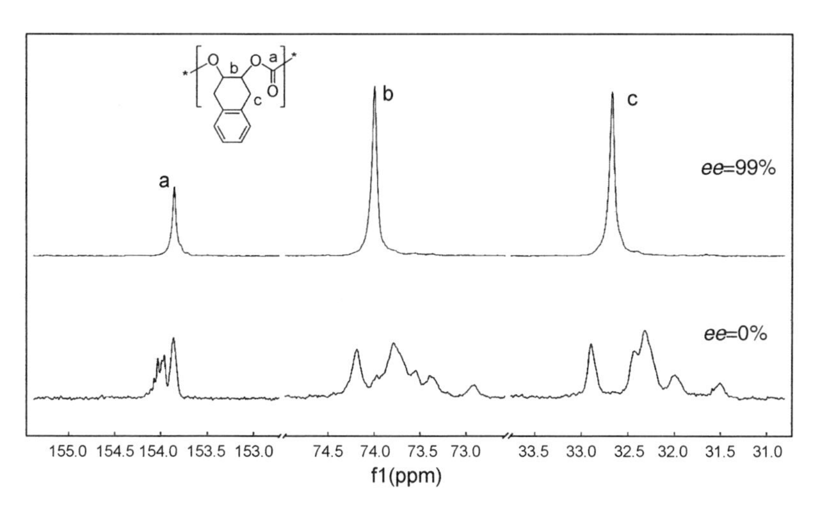

图 3.8.3 不对称催化 CO_2/CTO 聚合反应所得 PCTC 的^{13}C NMR 羰基、次甲基和亚甲基部分放大图

Fig. 3.8.3 Carbonyl, methine, methyl region of ^{13}C NMR spectrum of the PCTC

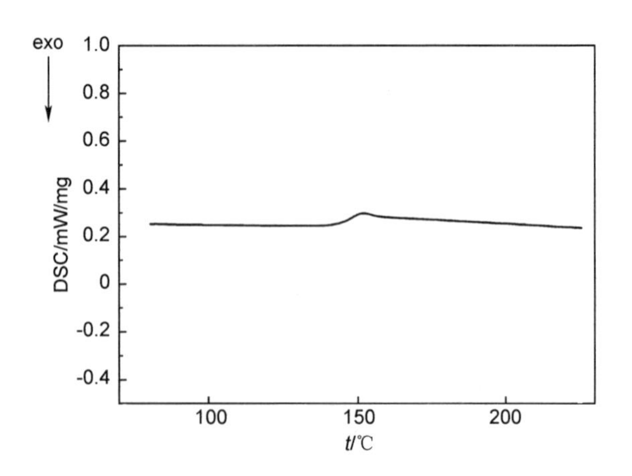

图 3.8.4 CTO 的 CO_2 共聚物的差示量热扫描图

Fig. 3.8.4 DSC profiles of CO_2/CTO polymers

3.9 本章小结

(1)作者设计并合成了一系列基于联苯的双金属钴配合物,此类配合物与 PPNX(X 是 2,4-二硝基苯酚根负离子)组成的双组分催化体系可以高立体选择性实现低活性内消旋环氧环戊烷与 CO_2 的去对称共聚,研究发现,配合物苯环 3-位的位阻对反应的立体选择性影响很大,位阻越小,立体选择性越高,选用 3-位取代基是甲基(**Ib**)或氢(**Ic**)的配合物,制备出完美全同结构的聚碳酸环戊烯酯,DSC 研究表明其是无定形高分子材料,具有 85 ℃的玻璃化转变温度。

(2)该双金属催化体系对内消旋的环氧环己烷与 CO_2 共聚具

有高的立体选择性，以甲苯为溶剂，制备出 *ee* 值高达 98%的聚碳酸环己烯酯，DSC 研究表明其是一种结晶性高分子材料，其熔融温度 T_m 高达 272.4 ℃，结晶温度 T_c 高达 233.6 ℃。

(3)该双金属配合物对内消旋的顺-2,3-环氧丁烷和 2,3-环氧-1,2,3,4-四氢化萘与 CO_2 共聚具有高的活性和对映体选择性，在 25 ℃，成功制备出 *ee* 值达 99%的 CO_2 共聚物，DSC 研究表明这两类共聚物都是无定形高分子材料，但 2,3-环氧-1,2,3,4-四氢化萘的 CO_2 共聚物高达 150 ℃的玻璃化转变温度非常接近双酚 A 类聚碳酸酯。

4 高立构规整性、结晶性 CO_2共聚物的制备

众所周知,聚合物的相邻碳原子的立体排布方式在很大程度上决定了其物理、机械性能,因此,精确控制聚合物的规整度一直是配位化学领域关注的热点[136]。CO_2与环氧交替共聚反应自1969年见诸报道以来[68,69],科学界一直关注反应的活性和选择性(产物、化学结构、立体),开发了一系列各有优点的催化体系。但是,关于合成新型CO_2聚合物微观结构(随机、梯度、复合物、嵌段)的报道很少。共聚是改变聚合物性能的一种常见方法,在高分子化学领域具有广泛的应用。端位环氧烷烃(如PO)和内消旋环氧烷烃(如CHO)与CO_2的三元共聚反应很早就有报道,但是由于它们与CO_2聚合的活性很难匹配,效果不理想[79,137]。Ren和Wu等人应用双组分和双功能的Co(Ⅲ)-Salen配合物催化端位环氧烷烃[PO和氧化苯乙烯(SO)]与CHO的三元共聚反应,通过调节三元共聚物中碳酸环己烯酯单元的含量,成功实现了其玻璃化转变温

度的调节[117,138,139]。Seong等人应用其双功能催化体系，也实现了相类似的催化效果[140]。2006年，Nakano等人应用基于哌啶侧链的Co(Ⅲ)-Salen配合物，通过逐步加料的方法制备出不同端位环氧烷烃的嵌段CO_2共聚物[106]。2009年，Kim等人应用β-二亚胺锌配合物实现了多种4-位功能化环氧环己烷的多嵌段CO_2共聚物的合成[141]。值得一提的是，2011年，Nakano等人应用基于多哌啶侧链的Co(Ⅲ)-Salen配合物实现了立体梯度和立体嵌段的聚碳酸丙烯酯(PPC)的合成。热力学测试表明，相对于普通的PPC，该新型的聚碳酸酯结构具有更高的热稳定性[142]。2012年，Wu等人成功合成了(*S*)-PCHC和(*R*)-PCHC的立体复合物，相对于单独构型的CO_2聚合物具有216 ℃熔点，其立体复合物的熔点T_m提高到227 ℃[143]。

目前报道的催化体系虽然可以实现嵌段、随机、立体梯度的无规CO_2共聚物的合成，但尚没有报道可以实现高立构规整性的梯度、随机等形态结构的CO_2共聚物的合成。在本章中，作者应用基于联苯的高效双金属钴配合物，高对映体选择性制备出多种CO_2共聚物，研究了双金属钴配合物催化的3,4-环氧四氢呋喃(COPO)与CO_2的不对称交替共聚反应，考察了催化剂的结构和构型、反应温度、CO_2压力和溶剂等条件对共聚反应的活性和立体选择性的影响，并对该高立构规整性的聚碳酸酯进行了DSC和WAXD研究。通过核磁检测和竞聚率实验，对3,4-环氧四氢呋喃与环氧环己烷或环氧环戊烷、CO_2的三元共聚反应进行详细探索，制备出高立构规整性的随机和结晶梯度的 CO_2 三元共聚物。此外，通过将具有相反构型的 CO_2 共聚物进行物理共混，可以制备出具有结晶性的立体复合物(图 4.0.1)。

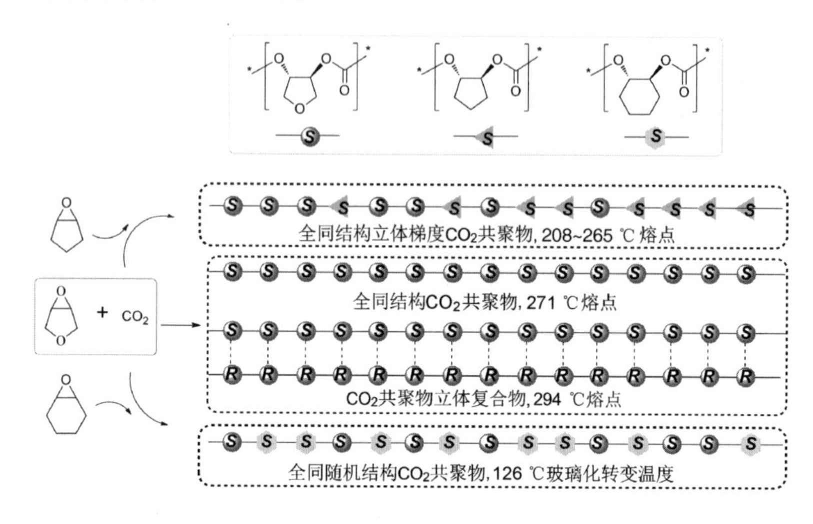

图 4.0.1 CO_2 共聚物形态结构的制备

Fig. 4.0.1 Preparation of CO_2 polymer with morphology structure

4.1 聚合物的封端、对映体过量值测定和制备方法

4.1.1 聚合物的封端处理

将 3,4-环氧四氢呋喃 CO_2 共聚物(PCOPC)(500 mg)溶于 5 mL的二甲基亚砜溶液，加入 0.5 mL 的醋酸酐，60 ℃搅拌过夜，旋除溶剂，加入甲醇沉淀，再用二甲基亚砜将聚合物溶解，甲醇沉淀，反复重复此过程 3～5 次，收集聚合物，经真空干燥，产量 460 mg。

4.1.2 3,4-环氧四氢呋喃 CO_2 共聚物 *ee* 值的测定

如图 4.1.1 所示，将 3,4-环氧四氢呋喃的 CO_2 共聚物降解为手性反式二醇，并通过苯甲酰氯衍生化为二酯，通过 HPLC 测试其对映体过量值。具体方法参考 PCPC 的对映体过量值测定。手性液相色谱柱，大赛璐公司 Chiralcel OJ-H：流动相，正己烷/异丙醇，90/10；流速，1.0 mL/min；紫外检测器波长，254 nm。样品保留时间：t_R[(*S*,*S*)-对映异构体] = 12.7 min，t_R[(*R*,*R*)-对映异构体] = 26.0 min。

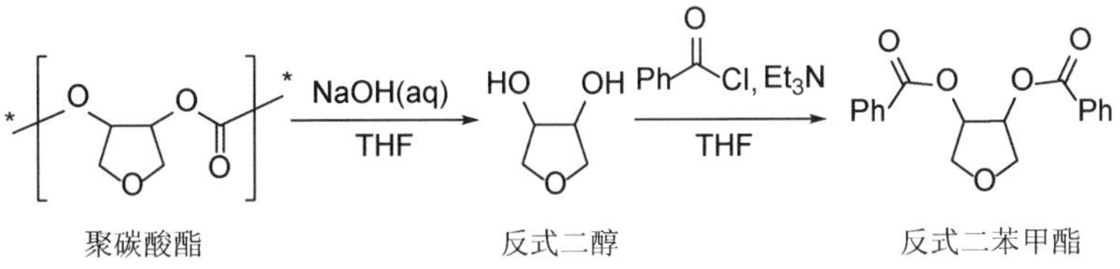

NaOH(aq) THF
Ph(CO)Cl, Et_3N THF

聚碳酸酯　反式二醇　反式二苯甲酯

图 4.1.1 PCOPC 结构单元的水解和衍生化

Fig. 4.1.1 Hydrolysis and derivatization of PCOPC

4.1.3 结晶梯度 CO_2 共聚物的制备

配有磁子的高压釜于 120 ℃干燥 12 h 以上，抽真空待其冷却至室温，冲入氮气准备使用。在氮气保护下，将主催化剂(*S*,*S*,*S*,*S*)-**Ib**(0.03 mmol，1 倍量)、助催化剂 PPNX(0.06 mmol，2 倍量)、COPO(7.5 mmol，250 倍量)和 CPO(7.5 mmol，250 倍量)置于反应釜中，加入 2 mL 二氯甲烷作为反应溶剂，待其完全溶解后，向釜中充入指定压力的 CO_2，然后将其放入已经设定好温度的油浴中，

开动磁力搅拌。反应到约定时间,取出极少量的反应混合物,用于进行^1H NMR和GPC测试。待环氧烷烃全部转化完毕,将聚合物进行提纯,得到具有结晶梯度的CO_2共聚物。

4.1.4 立体复合物的制备

以3,4-环氧四氢呋喃CO_2共聚物的立体复合物的制备为例,氮气保护下,将具有相反构型的CO_2共聚物各100 mg溶于10 mL的DMSO中,待其完全溶解。在50 ℃保持24 h。加入大量甲醇,使聚合物沉淀出来,得到白色聚合物,经真空干燥后待用。

4.2 3,4-环氧四氢呋喃CO_2共聚物的制备

首先,作者研究了3,4-环氧四氢呋喃(COPO)与CO_2的去对称共聚反应,发现25 ℃,2.0 MPa CO_2压力下,单金属配合物(*S*,*S*)-**IIa**与PPNX(X是2,4—二硝基苯酚根负离子)组成的双组分催化体系可以实现COPO与CO_2去对称交替共聚,虽然共聚反应没有环状碳酸酯和聚醚结构形成,但反应的活性较低(TOF = 4 h^{-1}),对映体选择性不理想(*ee* = 38%)(表4.2.1,序号1和2)。而选用3-位取代基是甲基的双金属配合物(*S*,*S*,*S*,*S*)-**Ib**,可以在温和条件下,高活性、高立体选择性催化其与CO_2去对称交替共聚,反应的立体选择性高达95% (*S*,*S*)(表4.2.1,序号3)。降低反应温度至0 ℃,以>99%的对映体选择性实现CO_2与COPO的去对称交替共聚,制备出完美全同结构的聚碳酸酯(表4.2.1,序号4)。改

变双金属催化剂的构型为(R,R,R,R)-**Ib**,制备出 *ee* 值＞99%的(R,R)-过量的 PCOPC(表 4.2.1,序号 5)。虽然升高反应温度会导致活性急剧升高到 458 h^{-1},但反应的立体选择性略有下降(表 4.2.1,序号 6)。在[COPO]/[PPNX]/[(S,S,S,S)-**Ib**] = 2000/2/1 的条件下,去对称共聚反应仍可以进行,并且反应的立体选择性不受影响(表 4.2.1,序号 7)。在加入二氯甲烷为有机助溶剂的条件下,(S,S,S,S)-**Ib** 可以实现底物的完全转化,并且反应的立体选择性高达 98%(表 4.2.1,序号 8)。上述催化结果表明,相对于单金属 Co(Ⅲ)-Salen 配合物 **IIa**,双金属配合物 **Ib** 表现了更优异的催化活性和立体选择性,成功制备出具有完美全同结构的 CO_2 共聚物。

表 4.2.1　钴配合物催化的 CO_2/COPO 去对称共聚反应

Tab. 4.2.1　Enantiopure Co(Ⅲ)-complex-mediated desymmetrization copolymerization CO_2 with COPO

$+\ CO_2 \xrightarrow{\text{手性催化剂}}$

序号	催化剂	催化剂/PPNX/CBO(摩尔比)	反应温度/℃	反应时间/h	转化频率/h^{-1}	分子量/($kg\cdot mol^{-1}$)	分子量分布	对映选择性/%
1	(S,S)-**IIa**	1/1/500	25	48	4	8.6	1.10	38 (R,R)
2	*rac*-**IIa**	1/1/500	25	48	4	8.2	1.21	0
3	(S,S,S,S)-**Ib**	1/2/1000	25	2	170	15.7	1.14	95 (S,S)
4	(S,S,S,S)-**Ib**	1/2/1000	0	24	21	10.9	1.16	＞99 (S,S)
5	(R,R,R,R)-**Ib**	1/2/1000	0	24	18	10.0	1.14	＞99 (R,R)
6	(S,S,S,S)-**Ib**	1/2/1000	50	1	458	15.3	1.12	90 (S,S)
7	(S,S,S,S)-**Ib**	1/2/2000	25	6	132	15.6	1.15	95 (S,S)
8	(S,S,S,S)-**Ib**	1/2/1000	25	12	83	—	—	98 (S,S)

注:(1)反应条件:CO_2 压力为 2.0 MPa,X 是 2,4-二硝基苯酚根负离子。

(2)聚合物选择性>99%,碳酸酯单元含量>99%。

(3)序号 8,反应以二氯甲烷为溶剂,二氯甲烷/环氧烷烃 = 2/1(体积比)。

(4)GPC 测试时,将样品加热至 280 ℃后,降至室温测试,DMF 为洗脱剂,聚苯乙烯为标样。

图 4.2.1 是 3,4-环氧四氢呋喃的 CO_2 共聚物(PCOPC)的 ^1H NMR核磁表征图,其次甲基上的氢原子由于与碳酸酯单元相连,化学位移在较低场 5.15~5.20 附近,而与亚甲基相连的两个氢原子,由于磁不等价,分别在 3.87~3.92 和 4.10~4.15 出现两组多重峰。其 ^{13}C NMR 的裂分与环氧环己烷和环氧环戊烷的 CO_2 共聚物不同,由于其羰基碳和手性次甲基碳原子距离较远,无规结构的聚合物基本不发生裂分,但其次甲基碳原子裂分两重峰,亚甲基峰变宽,而高立构规整度的聚碳酸酯基本不发生裂分(图 4.2.2)。

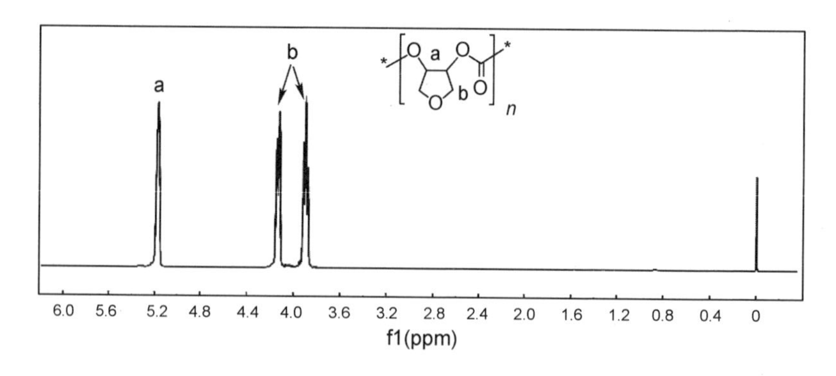

图 4.2.1 CO_2/COPO 交替共聚物的 ^1H NMR 谱图

Fig. 4.2.1 ^1H NMR spectrum of a representative sample of CO_2/COPO copolymer in $CDCl_3$

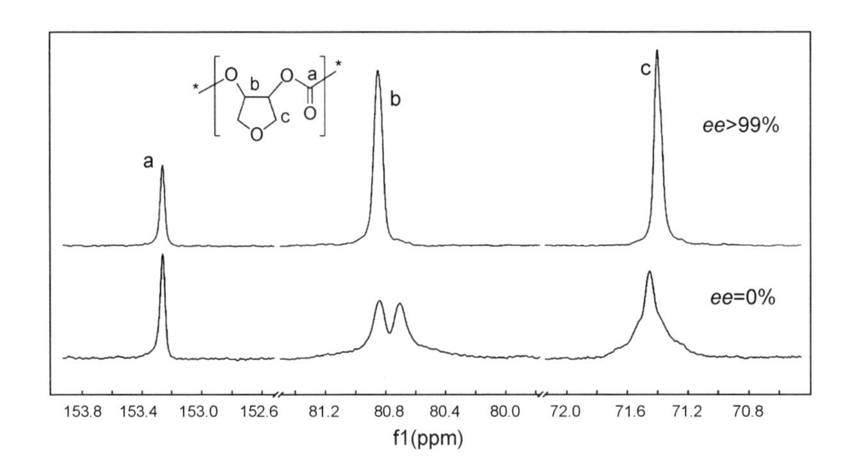

图 4.2.2 不对称催化 CO_2/COPO 聚合反应所得 PCOPC 的 ^{13}C NMR 次甲基和亚甲基部分放大图

Fig. 4.2.2 Methine and methylene region of the ^{13}C NMR spectrum of PCOPC

聚碳酸酯的结晶和熔融行为会伴有热量的变化，DSC 是最常见的测量工具。由于高温会促进高分子链的蠕动，聚碳酸酯链端的羟基容易发生回咬，导致聚合物分子量降低，为了防止此降解反应发生，需将聚合物进行封端处理，其热失重分析表明，通过封端处理，CO_2 共聚物的热分解温度（T_{50}）由 310 ℃提高到了 340 ℃。具体实验方法参考本章 4.1.1。图 4.2.3 是不同立构规整性的 PCOPC 的 DSC 曲线。具体测试方法为：将 5 mg 左右的样品以 10 K/min 的升温速率从室温升到 180 ℃，并保持 20 min，以消除热历史。然后以 10 K/min 的降温速率降至室温，再以 10 K/min 的升温速率升至 320 ℃，记录量热曲线。从中可以清楚地看到，无规

PCOPC 的热力学曲线在 122 ℃出现 T_g，证明其为无定形结构(图 4.2.3，左图，曲线 A)，而高立构规整度的 CO_2 聚合物的玻璃化转变温度消失，在 271 ℃出现熔融峰，其吸热焓 ΔH_m = 32.24 J/g(图 4.2.3，左图，曲线 B)。将 PCOPC 在 180 ℃下进行等温处理 120 min 后，进行广角 X 射线衍射(WAXD)实验(图 4.2.3，右图)。无规的聚碳酸酯没有明显的衍射峰，而高立构规整度的聚合物在 2θ 角度为 18.1°、19.8°、23.3°出现尖而强的衍射峰，证明结晶性的存在(图 4.2.3，右图，曲线 B)。

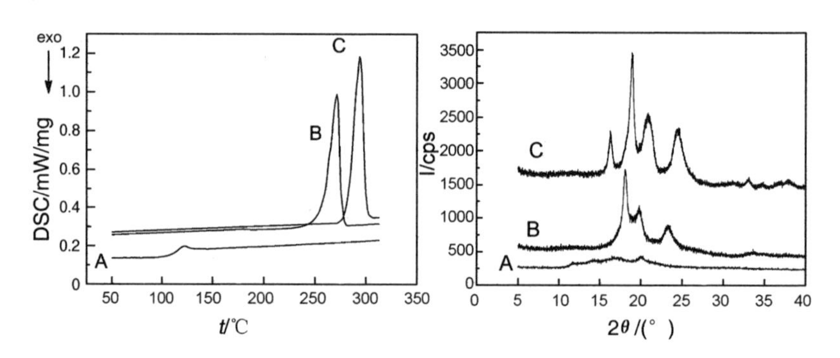

(A)无规 PCOPC；(B)(*S*)-PCOPC(>99% *ee*)；(C)(*S*)-PCOPC(>99% *ee*)和(*R*)-PCOPC(>99% *ee*)组成的混合物(质量比 1∶1)

图 4.2.3 不同立构规整性的 PCOPC 的 DSC 曲线和广角 X 射线衍射图

Fig. 4.2.3 DSC thermograms of PCOPC

4.3 随机和结晶梯度 CO_2 三元共聚物的制备

鉴于基于联苯的双金属钴催化体系在内消旋环氧烷烃与 CO_2 的交替共聚反应中具有高的活性和立体选择性，将 (*S*,*S*,*S*,*S*)-**Ib**/PPNX(X 是 2,4－二硝基苯酚根负离子)的催化体系应用于 CO_2/COPO/CHO 和 CO_2/COPO/CPO 三元共聚反应，由于单一单体与 CO_2 共聚反应得到的聚合物的产物和化学结构选择性均＞99％，此三元共聚物的核磁研究表明聚合过程中也没有环状碳酸酯和聚醚结构形成(图 4.3.1)。

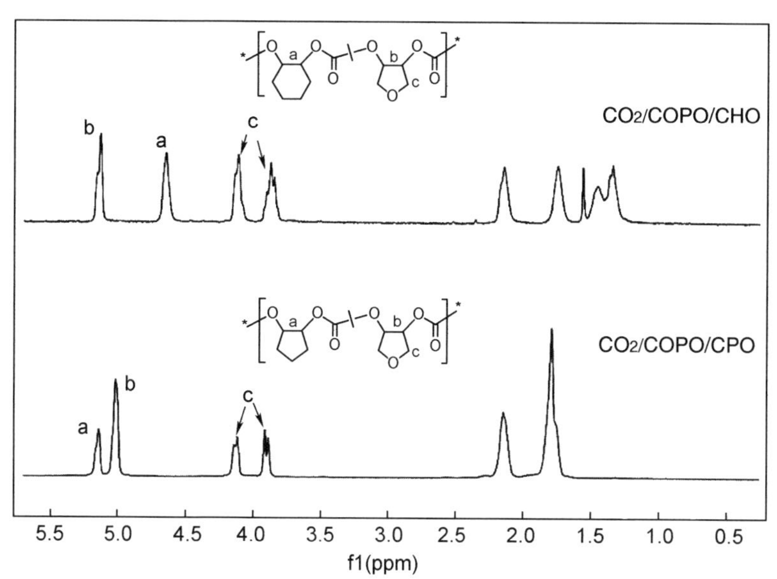

图 4.3.1 CO_2/COPO/CHO 和 CO_2/COPO/CPO 三元共聚物的 ^{1}H NMR 图

Fig. 4.3.1 ^{1}H NMR spectrum of CO_2/COPO/CHO and CO_2/COPO/CPO terpolymer

在 CO_2/COPO/CHO 共聚体系中，三元共聚物中的 3,4-环氧四氢呋喃碳酸酯单元(COPC)含量与COPO的投料量相近,说明这两个底物具有相近的反应活性,推测此三元共聚反应形成了随机结构的CO_2聚合物(表4.3.1,序号3~7)。虽然COPO和CHO的CO_2共聚物都是结晶性材料,但是,由于这两种碳酸酯结构单元在结构上存在差异,当其随机共聚在一条高分子链上时,会导致链的规整性下降,所以获得的三元共聚物是无定形高分子材料,具有126 ℃的玻璃化转变温度。对于CO_2/COPO/CPO三元共聚反应,COPC在三元共聚物中的含量明显高于COPO的投料量(表4.3.1,序号10~14),这说明,相比于CPO,COPO具有更高的反应性。对不同COPC含量的三元共聚物进行了DSC研究发现,随着COPC含量的降低,三元共聚物的熔点逐渐降低,当COPC的含量降低到69%时,聚合物出现了109 ℃的玻璃化转变温度T_g和208 ℃的熔点T_m,当其含量降低到30.6%时,三元共聚物变成无定形材料,玻璃化转变温度为89 ℃,与CPO的CO_2共聚物相近(表4.3.1,序号10~14)(图4.3.2)。对(S,S,S,S)-**Ib**/PPNX催化的CO_2/CO-PO/CHO和CO_2/COPO/CPO三元共聚反应,将聚合物降解为二醇测试其对映体过量值,与在相同条件下共聚的结果基本保持一致,这说明,三元共聚反应并不影响反应的立体选择性,形成了高立构规整性的三元共聚物。但是,应用单金属配合物**IIa**/PPNX(X是2,4-二硝基苯酚根负离子)催化体系,不仅反应活性低,并且,将三元共聚物降解、测试*ee*值在30%~40%,这说明,单金属催化体系得到三元共聚物立构规整性较差。对于**IIa**/PPNX催化的

CO_2/COPO/CHO 三元共聚物，T_g 仅为 113 ℃，而 CO_2/COPO/CPO 三元共聚物，则不具有结晶行为，仅存在96 ℃左右的 T_g（表 4.3.1，序号 15 序号 16）。

表 4.3.1　(S,S,S,S)－Ib/PPNX 催化的 CO_2/COPO/CHO 和 CO_2/COPO/CPO 三元共聚反应

Tab. 4.3.1　Terpolymerization of CO_2/COPO/CHO and CO_2/COPO/CPO catalyzed by (S,S,S,S)－Ib/PPNX catalyst system

poly(COPC-*co*-CPC)　←手性催化剂—　COPO + CO_2　—手性催化剂→　poly(COPC-*co*-CHC)

序号	投料比	反应温度/℃	反应时间/h	转化频率/h^{-1}	COPC 单元含量/mol %	分子量/($kg\cdot mol^{-1}$)	分子量分布	玻璃化转变温度/熔点
1	COPO	0	48	10	100	—	—	—/271
2	CHO	0	4	150	0	30.7	1.24	—/269
3	COPO/CHO (1/9)	0	6	122	12.5	25.9	1.24	124/—
4	COPO/CHO (3/7)	0	12	56	32.4	23.4	1.17	127/—
5	COPO/CHO (1/1)	0	12	50	50.6	23.0	1.14	127/—
6	COPO/CHO (7/3)	0	16	37	67.0	20.8	1.18	128/—
7	COPO/CHO (9/1)	0	24	27	85.8	20.2	1.22	122/224
8	COPO	25	2	170	100	15.7	1.14	—/268
9	CPO	25	2	199	0	29.8	1.24	85/—
10	COPO/CPO (1/9)	25	3	87	30.6	15.6	1.16	89/—
11	COPO/CPO (3/7)	25	3	96	69.0	16.0	1.20	109/208
12	COPO/CPO (1/1)	25	3	108	84.2	16.9	1.14	122/245
13	COPO/CPO (7/3)	25	2	146	92.3	16.4	1.16	124/261
14	COPO/CPO (9/1)	25	2	161	98.0	17.3	1.20	—/265
15	COPO/CHO(1/1)	25	12	32	25.0	19.7	1.16	113/—
16	COPO/CPO(1/1)	25	48	4	80.2	10.2	1.12	96/—

注：(1)[(S,S,S,S)-**Ib**]/[PPNX]/[环氧烷烃] = 1/2/1000 (摩尔比)，CO_2压力为 2.0 MPa，X 是 2,4-二硝基苯酚根负离子，聚合物选择性>99%，碳酸酯单元含

量>99%。

(2) 序号 1~7,反应温度为 0 ℃,甲苯为溶剂,甲苯/环氧烷烃= 2/1(摩尔比)。

(3) 序号 8~16, 反应温度为 25 ℃,本体反应。

(4) 序号 15, [(*S*,*S*)-**IIa**]/[PPNX]/[COPO]/[CHO] = 1/1/500/500。

(5) 序号 16, [(*S*,*S*)-**IIa**]/[PPNX]/[COPO]/[CPO] = 1/1/250/250。

(6) GPC 测试时,如果样品不溶解,需要将其加热至 280 ℃后,降至室温测试,DMF 为洗脱剂,聚苯乙烯为标准样。

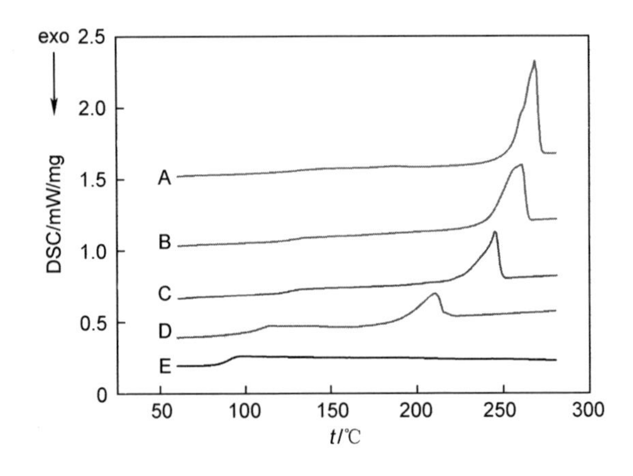

(A):98.0%;(B):92.3%;(C):84.2%;(D):69.0%;(E):30.6%

图 4.3.2 不同含量 COPC 的 CO_2/COPO/CPO 三元共聚物的 DSC 图

Fig. 4.3.2 DSC profiles of terpolymers with different COPC contents

为了验证 COPO 在与 CO_2/CHO 和 CO_2/CPO 共聚反应中的反应性,进行了间隔取样研究。在 CO_2/COPO/CHO 三元共聚反应中,随着环氧烷烃转化率的提高,COPC 在三元共聚物中的含量始终保持在 50%左右,这说明这两种底物具有相近的反应性,形成了随机的三元共聚物(图 4.3.3)。在 CO_2/COPO/CPO 三元共聚反应中,随着反应时间的增加,COPC 在聚合物中的含量逐渐降低,而 CPC 的含量则逐渐提高,这说明,由于 COPO 相对于 CPO 的高反应性,在反应初期,COPO 优先聚合到高分子链中,此三元共聚物是结晶性的,T_m为 245 ℃;随着反应的进行,COPO 在聚合体系的浓度逐渐降低,而 CPO 的浓度逐渐提高,CPO 逐渐聚合到高分子链中,当环氧烷烃完全转化时,形成了结晶 PCOPC 和无规 PCPC 片段的结晶梯度的三元共聚物。DSC 测试表明,此共聚物具有 241 ℃ 的 T_m和 106 ℃ T_g。此外,对不同反应时间的三元共聚物的 GPC 测试表明,随着反应时间的增加,聚合物的分子量逐渐提高,GPC 曲线始终保持单峰分布,并且分子量分布均小于 1.20(图 4.3.4)。由于 CPO 和 COPO 都共聚到高分子链中,而 COPO 的高反应性,形成了前端以结晶性 COPC 碳酸酯单元为主,逐步过渡到以无定形的 CPC 碳酸酯单元为主的梯度 CO_2 共聚物,并且,该聚合物的结晶性会随着高分子链呈现梯度变化,这是首次报道具有结晶梯度的 CO_2 共聚物。

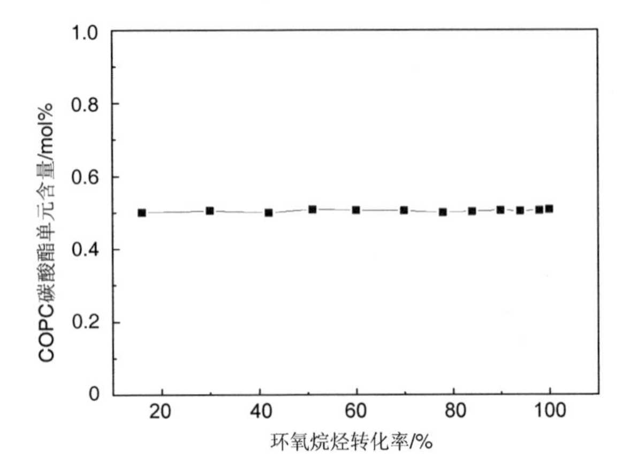

图 4.3.3 (*S*,*S*,*S*,*S*)-**Ib** 催化的 CO_2/COPO/CHO 三元共聚形成的聚合物中 COPC 的含量与环氧烷烃转化率的关系([**Ib**]/[PPNX]/[COPO]/[CHO] = 1/2/500/500(摩尔比),环氧烷烃与甲苯的摩尔比为 1/2,反应温度为 0 ℃,CO_2反应压力为 2.0 MPa

Fig. 4.3.3 Plot of the COPC unit content in the resulting terpolymers versus the conversion of all epoxides in the CO_2/COPO/CHO terpolymerization catalyzed by the complex (*S*,*S*,*S*,*S*)-**Ib** in toluene ([**Ib**]/[PPNX]/[COPO]/[CHO] = 1/2/500/500, molar ratio) at 0 ℃ and 2.0 MPa CO_2 pressure

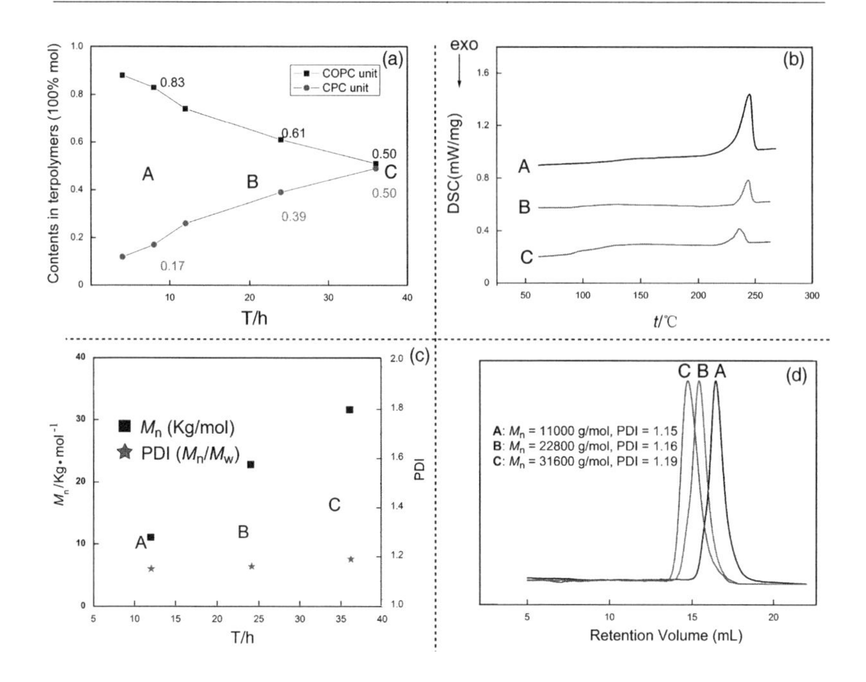

图 4.3.4　图(a):(*S*,*S*,*S*,*S*)-**Ib** 催化的 CO_2/COPO/CPO 三元共聚形成的聚合物中 COPC 的含量与反应时间的关系;图(b):不同反应时间的 CO_2/COPO/CPO 三元共聚物的差示量热扫描图,(A):8 h;(B):24 h;(C)36 h; 图(c):不同反应时间的 CO_2/COPO/CPO 三元共聚物的分子量和分子量分布图; 图(d):不同反应时间的 CO_2/COPO/CPO 三元共聚物的 GPC 曲线([**Ib**]/[PPNX]/[COPO]/[CPO] = 1/2/250/250(摩尔比),环氧烷烃与二氯甲烷的摩尔比为 1/2,反应温度为 25 ℃,CO_2 反应压力为 2.0 MPa)

Fig. 4.3.4　**Plot**-(a):Plot of COPC and CPC carbonate unit contents in the resulting terpolymers *versus* reaction time in COPO/CPO/CO_2 terpolymerization catalyzed by (*S*,*S*,*S*,*S*)-**Ib**/PPNX system in dichloromethane (epoxide/dichloromethane = 1/2 (molar ratio), **Ib**/PPNX/COPO/CPO = 1/2/250/250 (molar ratio), X = 2,4-dinitrophenoxide) at 25 ℃. **Plot**-(b):DSC profiles of gradient terpolymers at various time:(A) 8 h; (B) 24 h; (C) 36 h. **Plot**-(c):Plots of terpolymer molecular weight and distribution *versus* the reaction time. **Plot**-(d):GPC traces of COPO/CPO/CO_2 terpolymers obtained at various time points:(A) 8 h; (B) 24 h; (C) 36 h.

竞聚率不仅是计算共聚物组成的重要参数，还可根据它的数值直观地估计两种单体的共聚倾向，一般用 r 表示两种共聚底物反应活性的比值，当 $r > 1$ 表示自聚倾向比共聚大，$r < 1$ 表示共聚倾向比自聚大，$r = 0$ 表示不能发生自聚反应，形成完全交替的结构。对于 CO_2 与环氧烷烃共聚反应，动力学研究表明，反应速率对 CO_2 的浓度呈现零级反应，即 CO_2 的插入是一个快速过程，反应的限速过程是碳酸酯链端对环氧烷烃的开环[84,89,115]。而且，在三元共聚过程中，没有环氧烷烃均聚反应发生。此外，对于 CO_2 与环氧烷烃的共聚反应，聚合物的分子量随时间线性变化，反应呈现活性聚合的特征。所以，CO_2/COPO/CHO 和 CO_2/COPO/CPO 三元共聚反应可以分别视为 COPC/CHC 和 COPC/CPC 单元的二元共聚反应，运用 Fineman-Ross 方程来计算两者的竞聚率，从而证明 COPO/CHO 和 COPO/CPO 两反应单体的共聚倾向。在保持环氧烷烃转化率低于 10%的条件下(表 4.3.2)，将 COPO 不同投料比(f_{COPO})和共聚物中 COPC 的含量(F_{COPC})带入 Fineman-Ross 方程，以($\{f_{\mathrm{COPO}}/(1-f_{\mathrm{COPO}})\}\{1-2F_{\mathrm{COPC}})/F_{\mathrm{COPC}}\}$为纵坐标，$\{f_{\mathrm{COPO}}{}^2/(1-f_{\mathrm{COPO}})^2\}\{(1-F_{\mathrm{COPC}})/F_{\mathrm{COPC}}\}$为横坐标)，根据此横、纵坐标作图，并进行线性回归，所得曲线的斜率为 COPO 的竞聚率常数 r_{COPO} (k_{11}/k_{12})，相应的截距为 CHO 或者 CPO 的竞聚率常数 r_{CHO} (k_{22}/k_{21}) 或 r_{CPO} (k_{22}/k_{21})，在 CO_2/COPO/CHO 反应体系中：$r_{\mathrm{COPO}} = 0.67$，$r_{\mathrm{CHO}} = 0.68$，在 CO_2/COPO/CPO 反应体系中：$r_{\mathrm{COPO}} = 8.49$，$r_{\mathrm{CPO}} = 0.17$(图 4.3.5)。

表 4.3.2 CO_2/COPO/CHO 和 CO_2/COPO/CPO

三元共聚中的单体配比及相应聚合物组成

Tab. 4.3.2 Monomer feed ratio and the composition of the resulting polymer during CO_2/COPO/CHO and CO_2/COPO/CPO terpolymerization

Entry	f_{COPO} (%)	F_{COPC} (%)	
		CO_2/COPO/CHO	CO_2/COPO/CPO
1	10.0	12.1	41.2
2	30.0	31.8	76.9
3	50.0	49.8	89.0
4	70.0	68.1	95.2
5	90.0	86.7	98.7

注:(1) 反应条件[(*S*,*S*,*S*,*S*)-**Ib**]/[PPNX]/[环氧烷烃] = 1/2/1000 (摩尔比),CO_2压力为 2.0 MPa,X 是 2,4－二硝基苯酚根负离子。

(2)对于 CO_2/COPO/CHO 的三元共聚反应,反应温度为0 ℃,甲苯为溶剂,甲苯/环氧烷烃= 2/1(摩尔比)。对于 COPO/CPO/CO_2 的三元共聚反应,反应温度为 25 ℃,本体反应。

(3) f_{COPO}是反应底物中 COPO 占所有底物的摩尔百分含量,F_{COPC}是对应的三元共聚物中 COPC 单元的摩尔百分含量。

从竞聚率的实验可以看出,在 CO_2/COPO/CHO 反应体系中,$r_{COPO}(k_{11}/k_{12}) = 0.67$,$r_{CHO}(k_{22}/k_{21}) = 0.68$,说明以 COPC 为链端的高分子链更加倾向进攻 CHO,形成 COPC—CHC 的结构,而以 CHC 为链端的高分子链更加倾向进攻 COPO,形成 CHC—COPC 的结构,与间隔取样结果一致,由于竞聚率的值都大于 0,故其很难形成完美交替结构的产物,而形成了随机的三元共聚物。由于轴向基团 2,4－二硝基苯酚根负离子引发聚合反应形成的高

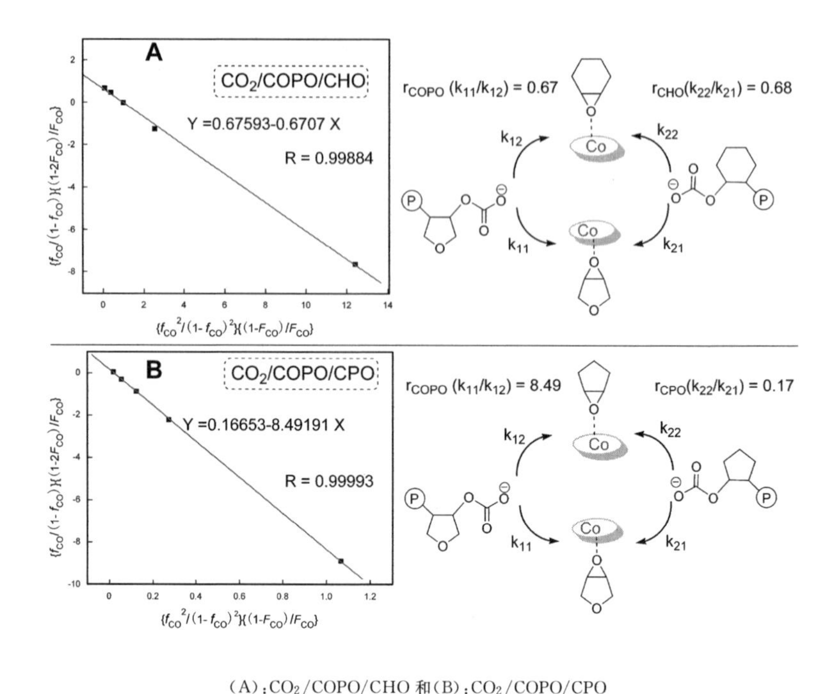

(A):CO_2/COPO/CHO 和(B):CO_2/COPO/CPO

图 4.3.5 (S,S,S,S)-**Ib**/PPNX 催化三元交替共聚中的 Fineman-Ross 曲线

Fig. 4.3.5 Fineman-Ross plot for the terpolymerization by catalyst (S,S,S,S)-**Ib**/PPNX

分子链的质谱响应信号太弱,所以在催化体系中加入了含有季铵盐的链转移试剂(图 4.3.7),反应液的飞行时间质谱如图 4.3.6 所示。从质谱的归属图可以清晰地看出,共聚反应并没有形成完美的交替结构的三元共聚物,而是形成了随机的结构,这与竞聚率的研究结果是一致的。对于 CO_2/COPO/CPO 三元共聚反应,r_{COPO}(k_{11}/k_{12}) = 8.49,r_{CPO}(k_{22}/k_{21}) = 0.17,说明以 COPC 为链端的高分子链更加倾向进攻 COPO,形成 COPC—COPC 的结构,而以

CPC 为链端的高分子链更加倾向进攻 COPO，形成 CPC—COPC 的结构，这样就会导致在共聚过程中，COPC—COPC 成为主要的结构单元，但是随着反应时间的增加，COPO 的浓度降低会导致共聚物链中 COPC 的含量逐渐降低，而 CPO 浓度的增加会导致共聚物链中 CPC 的含量逐渐增加，形成了前端 COPC 碳酸酯单元为主，末端 CPC 碳酸酯单元为主的梯度三元共聚物。

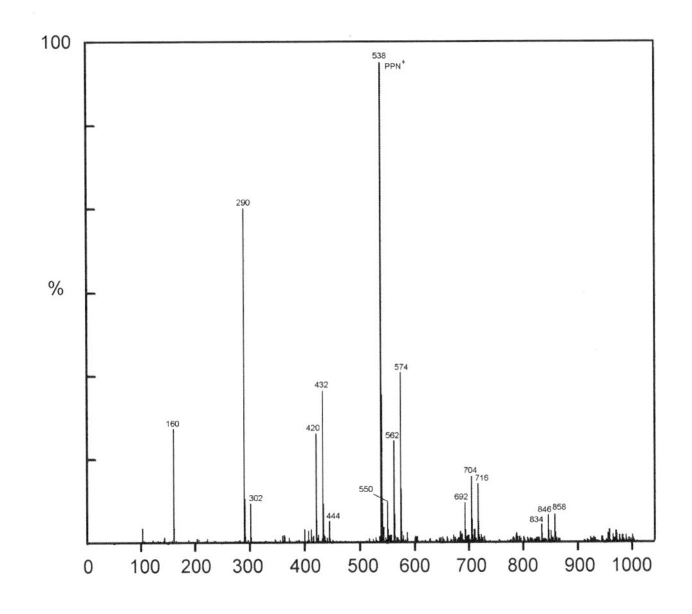

图 4.3.6　(*S*,*S*,*S*,*S*)-**Ib**/PPNX/CTA 催化的 CO_2/COPO/CHO 三元共聚反应飞行时间质谱图

Fig. 4.3.6　ESI-Q-TOF mass spectrum of the CO_2/COPO/CHO terpolymer resulted from (*S*,*S*,*S*,*S*)-**Ib**/PPNX/CTA catalyst system

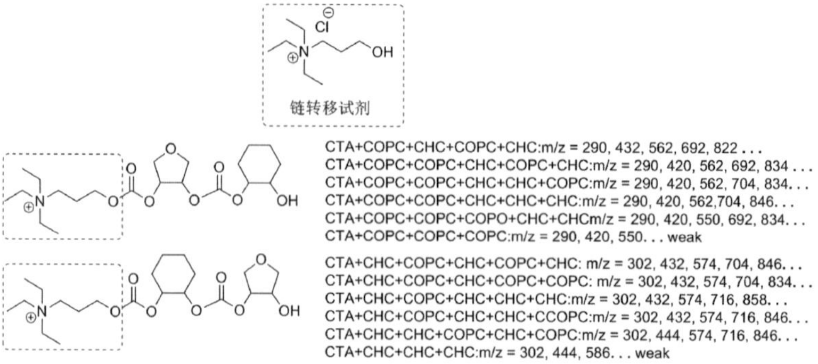

图 4.3.7 CO_2/COPO/CHO 三元共聚反应的飞行时间质谱归属图

Fig. 4.3.7 ESI-Q-TOF mass spectrum assignment of CO_2/COPO/CHO terpolymer

4.4 CO_2共聚物的立体复合物制备

具有相反构型的光学活性聚合物通过物理共混一旦能形成立体复合物，就可以较大程度上提高聚合物的性能。例如，全同的左旋聚丙交酯(PLLA)或右旋聚丙交酯(PDLA)的熔点 T_m 在 160～170 ℃左右，但是通过物理共混，可以形成立体复合物，其 T_m 提高到 230 ℃[144,145]。本课题组之前报道的环氧环己烷的 CO_2 共聚物可以形成立体复合物，其 T_m 由 216℃提高到了 227 ℃[143]。聚合物熔点的提高可极大拓展其应用的范围，提高其耐热性，所以，制备立体复合物的意义重大。鉴于作者开发了基于联苯的双金属催化体系，可以高活性、高对映选择性制备具有完美全同结构的 CO_2 共聚物，通过改变催化剂的立体化学构型，就可以制备出具有不同手性构型的聚合物。将具有相反构型的、完美全同结构的 CO_2 共聚物进行物理共混，制备出多种立体复合物(图 4.4.1)。

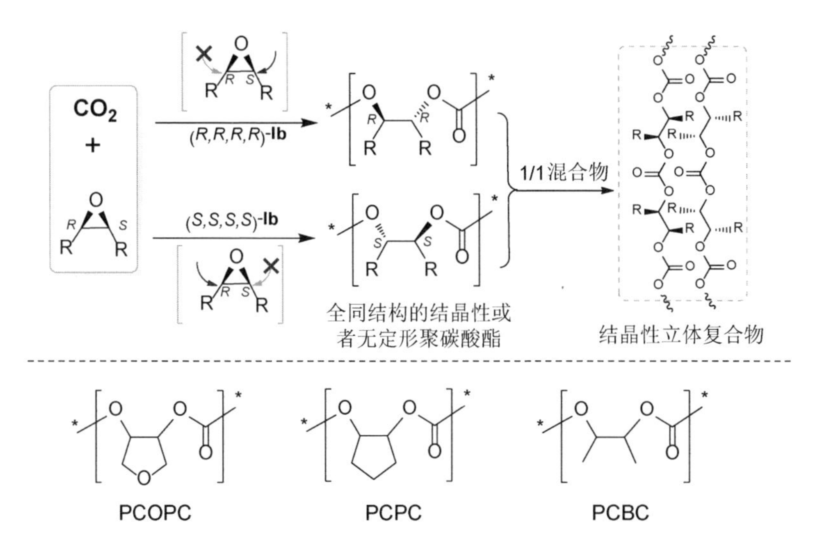

图 4.4.1 CO_2 与多种内消旋环氧烷烃的对映选择性共聚制备全同聚碳酸酯和进一步形成结晶性的立体复合物

Fig. 4.4.1 Enantioselective copolymerization of CO_2 and various *meso*-epoxides to enantiopure isotactic polycarbonates, and further formation of crystalline stereocomplexes

将高立构规整性的(*S*)-PCOPC 和(*R*)-PCOPC 进行物理共混，让其发生分子内自组装过程，成功制备出其立体复合物，DSC 测试表明，该立体复合物不存在玻璃化转变温度，在 294 ℃出现熔点 T_m，其熔融吸热焓 $\Delta H_m = 49.70$ J/g，证明了其高结晶性的存在(图 4.2.3，左图，曲线 C)。聚合物的结晶性能不仅扩展了其本身的应用范围，提高了其耐热性，并且有利于聚合物的成型和加工，所以开发可结晶性的 CO_2 共聚物意义重大。对于(*S*)-PCOPC 和(*R*)-PCOPC 组成的混合物(质量比 1/1),WAXD 曲线表明其结晶形态明显发生了变化,具体表现为衍射角 2θ 在 18.1°、19.8°、23.3°的衍射峰消失,而在 16.3°、18.9°、20.9°和 23.6°出现新的强衍射峰,并且强度明显高于(*S*)-PCOPC,证明两者的共混物具有全新的结晶形态(图 4.2.3,右图,曲线 C)。

应用基于联苯的双金属催化体系可以实现内消旋的环氧环戊烷和顺-2,3-环氧丁烷与 CO_2 的去对称共聚反应,制备具有完美全同结构的 CO_2 共聚物。DSC 测试表明,PCPC 和 PCBC 都是无定形材料,玻璃化转变温度分别是 85 ℃和 71 ℃。但是,将等质量比的完美全同结构的(*S*)-PCPC 和(*R*)-PCPC 进行物理共混,可以制备出结晶性的立体复合物。DSC 测试表明,该复合物具有在199 ℃出现熔点 T_m,其熔融吸热焓 $\Delta H_m = 35.68$ J/g,证明了其高结晶性的存在(图 4.4.2,左图,曲线 B)。WAXD 测试表明,此复合物的衍射角 2θ 在 15.3°、18.0°、19.6°、21.2°和 24.1°出现衍射峰(图 4.4.2,右图,曲线 B)。同样,将等质量比的完美全同结构的(*S*)-PCBC 和(*R*)-PCBC 进行物理共混,可以制备出结晶性的立体复合物。DSC 和 WAXD 的测试都表明其结晶性的存在(图 4.4.2,曲线 D)。

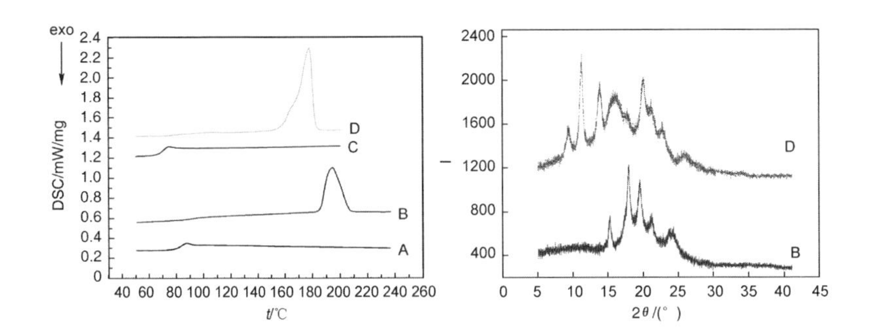

(A)全同的 PCPC;(B)全同(*S*)-PCPC 和(*R*)-PCPC 组成的混合物(质量比 1∶1);
(C)全同的 PCBC;(D)全同(*S*)-PCBC 和(*R*)-PCBC 组成的混合物(质量比 1∶1)

图 4.4.2　PCPC 和 PCBC 的 DSC 图和广角 X 射线衍射图

Fig. 4.4.2　DSC thermograms and WAXD profiles of various PCPCs and PCBCs

4.5　本章小结

(1)作者应用基于联苯的双金属钴催化体系实现 CO_2 与 3,4-环氧四氢呋喃的去对称共聚,制备出完美全同结构的 CO_2 共聚物。DSC 和 WAXD 测试表明,此聚合物具有结晶性,熔点 T_m 高达 271 ℃。

(2)作者发现双金属钴催化体系可以实现 CO_2/COPO/CHO 和 CO_2/COPO/CPO 的三元共聚反应,制备出高立构规整性的,随机和结晶梯度 CO_2 共聚物。对于结晶梯度 CO_2 共聚物,两种碳酸酯单元的含量和结晶性都随着高分子链的方向呈现梯度的变化。

(3)作者将具有相反构型、全同结构的(*R*)-和(*S*)-构型的 CO_2 共聚物进行物理共混,让其发生分子间组装,可以制备出具有结晶性的立体复合物,成功实现了由无定形聚合物到结晶性复合物的转变。

5 结晶性和功能性 CO_2 共聚物的制备和接枝研究

CO_2与环氧烷烃交替共聚制备降解性聚碳酸酯是绿色聚合过程，相对于催化体系的不断发展和进步，用于共聚的环氧烷烃的种类却非常有限(图 5.0.1)。目前研究最为广泛的是环氧丙烷与环氧环己烷的 CO_2 共聚物，因此，开发新的单体、合成具有不同性能的 CO_2 共聚物一直是此领域研究的热点。近几年来，Wu 等人发现，基于 Co(Ⅲ)-Salen 配合物的催化体系可以高活性、高选择性催化吸电子环氧烷烃(环氧氯丙烷[146,147]、氧化苯乙烯[135,148,149])与 CO_2 共聚。其中，高立构规整性环氧氯丙烷的 CO_2 共聚物是结晶性的，熔点为 108 ℃。此外，Ren 等人还报道了苯基缩水甘油醚的 CO_2 共聚物，并且发现其高立构规整性的结构具有 75 ℃ 的熔点[150]。2011 年，Darensbourg 教授报道了基于茚的环氧烷烃的 CO_2 共聚物，具有 134 ℃的玻璃化转变温度[151,152]，Kim 等人应用金属锌配合物为催化剂，成功制备基于 4-位功能化-环氧环己烷的

嵌段 CO_2 共聚物[141]。2013 年，Zhang 和 Geschwind 等人应用的双功能 Co(Ⅲ)-Salen 配合物高活性、高选择性催化苄基缩水甘油醚与 CO_2 共聚制备聚碳酸酯，经过 Pd—C 加氢反应，可以制备出聚 1-羟甲基碳酸乙烯酯[153,154]。由于端位环氧烷烃种类多，原料易得，它们的 CO_2 共聚物目前研究相对广泛，而脂环族环氧烷烃的 CO_2 共聚物虽然具有更高的玻璃化转变温度和熔点，但由于反应活性低、种类少，研究相对较少。

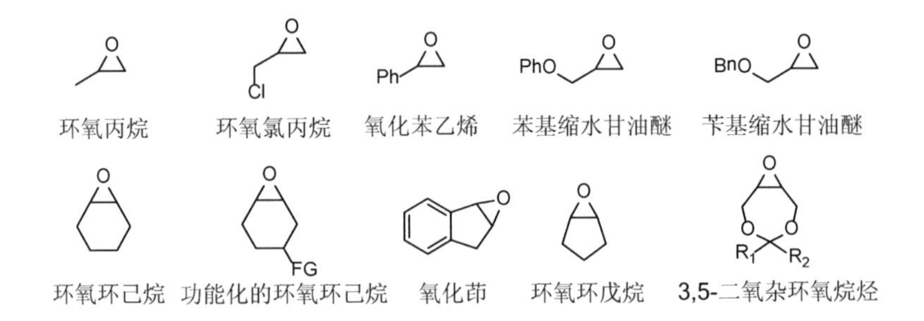

图 5.0.1 用于与 CO_2 共聚的环氧烷烃

Fig. 5.0.1 Epoxides employed in the copolymerization with CO_2

综上所述，虽然 CO_2 与环氧烷烃的共聚反应备受关注，但是主要存在如下问题：

(1)环氧烷烃的品种单一，导致 CO_2 共聚物的种类有限，尤其是可以结晶的 CO_2 共聚物的种类更少，缺乏对其性能的研究。

(2)环氧烷烃可功能化的基团多是羟基或者卤素，但由于聚合反应机理所限，导致其 CO_2 共聚物很难进行功能化研究，很少有文献报道关于 CO_2 聚合物的功能化研究工作。

(3)目前报道的催化体系效率不高，尤其是立体选择性差，很难实现诸多底物与 CO_2 的高活性、高立体选择性去对称共聚。

作者在本章节设计了分子内具有缩酮结构的内消旋 3,5-二氧杂环氧烷烃，用基于联苯的双金属钴催化体系，研究了其与 CO_2 的去对称共聚反应。详细考察了双金属钴配合物的取代基位阻和立体化学构型、反应温度、CO_2 压力以及反应溶剂对该去对称过程的影响。将制备的高立构规整性的聚碳酸酯进行了 DSC 和 WAXD 研究。由于基于 3,5-二氧杂环氧烷烃的 CO_2 共聚物具有缩酮的结构，研究了其水解反应，得到含有羟基、可进一步功能化的聚碳酸酯。通过 3,5-二氧杂环氧烷烃、环氧环己烷和 CO_2 的三元共聚反应、水解反应，降低了聚碳酸酯链中羟基的浓度，以 DBU(1,8-二氮杂二环[5.4.0]十一碳-7-烯)为催化剂，研究了该羟基引发的丙交酯开环聚合反应(图 5.0.2)。

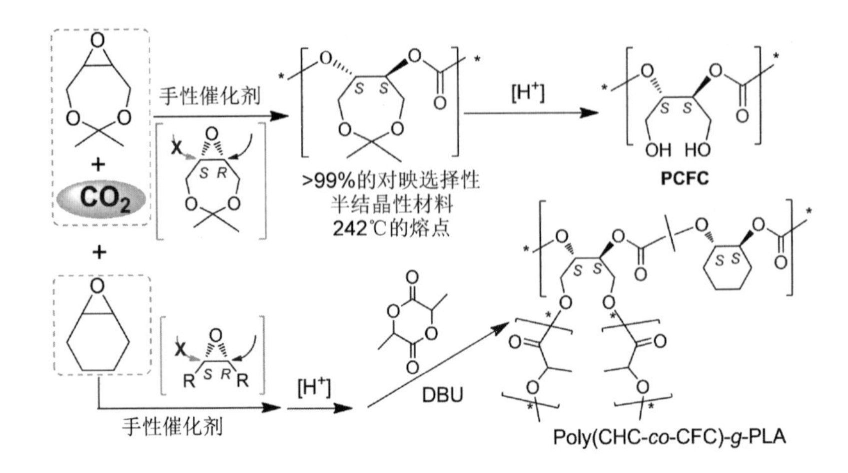

图 5.0.2　结晶性及功能性的 3,5-二氧杂 CO_2 共聚物的制备

Fig. 5.0.2　Preparatiom of CO_2 copolymers from 3,5-dioxaepoxides: crystallization and functionallization

5.1　环氧烷烃制备和聚合物功能化研究

5.1.1　3,5-二氧杂环氧烷烃的合成

3,5-二氧杂环氧烷烃的制备方法参考文献[155,156]，见图 5.1.1。

对甲苯磺酸
苯
m-CPBA
CH_2Cl_2
1a: $R_1 = R_2 = Me$
1b: $R_1 = R_2 = H$
1c: R_1 and R_2 = cyclohexyl
1d: $R_1 = Ph$, $R_2 = H$

图 5.1.1　3,5—二氧杂环氧烷烃的制备

Fig. 5.1.1　Synthesis of 3,5-dioxaepoxides

3,5,8-三氧杂-双环[5.1.0]辛烷（**1b**）:^{1}H NMR（$CDCl_3$，400 MHz）:δ 3.22～3.23（m，2H），4.01～4.04（m，2H），4.22～4.25（m，2H），4.46（d，J = 6.0，1H），4.87（d，J = 6.0，1H）；^{13}C NMR（$CDCl_3$，100 MHz）:δ 56.52，66.30，97.22. HRMS（m/z）:理论值$[C_5H_8O_3Na]^+$（$[$**1b**$+Na]^+$）:139.0371;测量值139.0373。

3,5,8-三氧杂螺[双环[5.1.0]辛烷-4,1′-环己烷]（**1c**）:^{1}H NMR（$CDCl_3$，400 MHz）:δ 1.35～1.68（m，10H），3.17～3.19(m，2H)，3.97～4.05（m，4H）；^{13}C NMR（$CDCl_3$，100 MHz）:δ 22.71，22.85，25.56，32.16，33.56，56.55，59.15，102.33. HRMS（m/z）:理论值$[C_{10}H_{16}O_3Na]^+$（$[$**1c**$+Na]^+$）:207.0997;测量值207.0994。

exo-4-苯基-3,5,8-三氧杂-双环[5.1.0]辛烷（*exo*-**1d**）:^{1}H NMR（$CDCl_3$，400 MHz）:δ 3.29（m，2H），3.97～4.00（m，2H），4.19～4.25（m，2H），5.68（s，1H），7.43～7.48（m，5H）；^{13}C NMR（$CDCl_3$，100 MHz）:δ 56.34，63.37，102.33，126.48，128.24，128.60，137.76. HRMS（m/z）:理论值$[C_{11}H_{12}O_3Na]^+$（$[$**1d**$+Na]^+$）:215.0684;测量值215.0687。

endo-4-苯基-3,5,8-三氧杂-双环[5.1.0]辛烷（*endo*-**1d**）:^{1}H NMR($CDCl_3$，400 MHz）:δ 3.30（m 2H），4.06～4.10（m，2H），4.31～4.35（m，2H），5.47（s，1H），7.31～7.46（m，5H）；^{13}C NMR（$CDCl_3$，100 MHz）:δ 56.51，64.29，103.68，

126.24，128.15，128.55，138.46. HRMS（m/z）：理论值[$C_{11}H_{12}O_3Na$]$^+$（[**1d**+Na]$^+$）：215.0684；测量值 215.0689。

5.1.2 基于非手性乙二胺骨架双金属钴配合物 Ie 的合成

具体合成方法参见本书第 3 章。

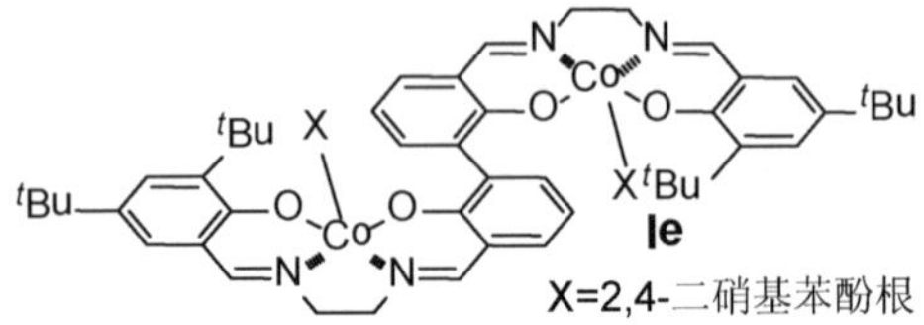

图 5.1.2 非手性双金属钴配合物 **Ie**

Fig. 5.1.2 Achiral dinuclear cobalt complex **Ie**

配体 **LIe**：^1H NMR（$CDCl_3$，400 MHz）：δ 1.26（s，18H），1.43(s，18H)，3.86～3.91（m，8H)，6.92～6.95（m，2H)，7.01(s，2H)，7.23～7.25（m，2H)，7.36～7.39（m，4H)，8.33（s，2H)，8.40（s，2H)，13.58（s，2H)，13.75（s，2H)；^{13}C NMR（$CDCl_3$，100 MHz）：δ 29.58，31.65，34.24，35.14，57.77，59.61，117.87，118.34，118.88，126.09，126.27，127.26，131.35，134.68，136.71，140.19，158.13，158.92，166.82，167.77. HRMS（m/z）：理论值[$C_{48}H_{62}N_4O_4Na$]$^+$：781.4669，测量值 781.4672。

催化剂 **Ie**：^1H NMR（DMSO-d_6，400 MHz）δ 1.36（s，18H)，1.58（s，18H)，4.23～4.43（m，8H)，6.85～6.91（m，4H)，7.40～7.52（m，4H)，7.77～7.91（m，6H)，8.22（s，

2H)，8.51～8.55(m，2H)，8.78 (s，2H)；^{13}C NMR ($CDCl_3$，100 MHz)：29.68，30.65，36.24，40.14，59.07，63.80，119.21，120.23，121.45，122,71，124.01，124.89，125.42，126.09，126.41，128.31，130.92，135.78，136.82，139.30，142.01，160.92，161.99，163.21，164.42，165.02. HRMS (m/z)：理论值[$C_{54}H_{61}CO_2N_6O_9$]$^+$([**Ie**-X]$^+$)：1055.3164；测量值：1055.3165，理论值[$C_{48}H_{58}CO_2N_4O_4$]$^{2+}$([**Ie**-2X]$^{2+}$)：436.1561；测量值436.1563。

5.1.3　聚1,2-二羟甲基碳酸乙烯酯的合成

将4,4-二甲基-3,5,8-三氧杂-双环[5.1.0]辛烷的 CO_2 共聚物(PCXC)(500 mg)溶于10 mL的DMF溶液，缓慢滴加浓度为2 mol/L的2 mL氯化氢甲醇溶液，0 ℃下搅拌24 h，旋除有机溶剂，加入甲醇沉淀，再用DMF将聚合物溶解，甲醇沉淀，反复重复此过程3～5次，收集聚合物，经真空干燥，产量，310 mg。

5.1.4　梳状聚合物的制备

氮气保护下，将进行接枝研究的 CO_2 共聚物(10 mg，M_n = 13000 g/mol，PDI = 1.21，CHC/CFC = 20/1)、LA(丙交酯)(23 mg)和DBU(1,8-二氮杂二环[5.4.0]十一碳-7-烯)(1.25 μL)溶解于1 mL的二氯甲烷中，室温搅拌2 h，加入苯甲酸猝灭反应。将溶剂旋干，甲醇沉淀，反复重复此过程3～5次，收集聚合物，经真空干燥，产量，28 mg，取一定量的接枝聚合物，进行^1H NMR和GPC测试。

5.1.5 3,5-二氧杂环氧烷烃 CO_2 共聚物 *ee* 值的测定

根据底物的取代基 R^1 和 R^2 的不同，3,5-二氧杂环氧烷烃 CO_2 共聚物结构单元的 *ee* 值的测定采用了不同的测试方法(图 5.1.3)。

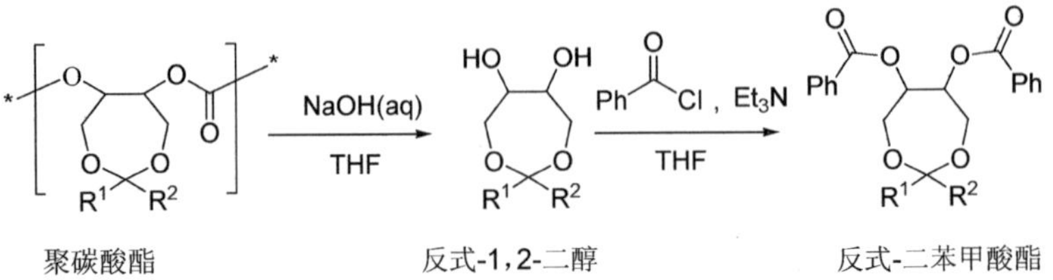

NaOH(aq) THF　Ph-CO-Cl , Et_3N THF

聚碳酸酯　反式-1,2-二醇　反式-二苯甲酸酯

图 5.1.3　3,5-二氧杂环氧烷烃 CO_2 共聚物结构单元的水解和衍生化

Fig. 5.1.3　Hydrolysis and derivatization of 3,5-dioxaepoxides

当 $R^1 = R^2 =$ Me 时，将其降解为手性反式二醇，通过手性气相色谱测试其对映体过量值，具体方法参考 PCHC 的对映体过量值测定。手性毛细管气相色谱柱：Agilent CP-Chirasil-Dex，25 m × 0.25 mm id × 0.25 μm film。色谱检测条件：进样温度，250 ℃；氢火焰检测器温度，275 ℃；气化室温度，120 ℃。样品保留时间：t_R[(*S*,*S*)-对映异构体] = 8.60 min，t_R[(*R*,*R*)-对映异构体] = 9.3 min。

当 R^1，$R^2 = -(CH_2)_5-$ 时，将其降解为手性反式二醇，通过手性气相色谱测试其对映体过量值，具体方法参考 PCHC 的对映体过量值测定。手性毛细管气相色谱柱：Agilent CP-Chirasil-Dex，25 m×0.25 mm id ×0.25 μm film。色谱检测条件：进样温度，250 ℃；氢火焰检测器温度，275 ℃；气化室温度，140 ℃。样品保留

时间：t_R[(*S*,*S*)-对映异构体] = 55.40 min，t_R[(*R*,*R*)-对映异构体] = 61.6 min。

当 $R^1 = R^2 =$ H 时，将其降解为手性反式二醇，并通过苯甲酰氯衍生化为二酯，通过 HPLC 测试其对映体过量值，具体方法参考 PCPC 的对映体过量值测定。手性液相色谱柱，大赛璐公司 Chiralcel OJ-H，流动相，正己烷/异丙醇，90/10，流速，1.0 mL/min，紫外检测器波长，254 nm，样品保留时间：t_R[(*S*,*S*)-对映异构体] = 12.8 min，t_R[(*R*,*R*)-对映异构体] = 23.2 min。

5.2　高立构规整性 3,5-二氧杂环氧烷烃 CO_2 共聚物的制备

4,4-二甲基-3,5,8-三氧杂-双环[5.1.0]辛烷(CXO)是一种结构简单的 3,5-二氧杂环氧烷烃。上海有机所的丁奎岭研究员曾用金属钛配合物为亲电试剂，胺为亲核试剂催化其去对称开环，制备对映体过量的 β-氨基醇，该化合物是一种合成植物鞘氨醇[22]、他汀类[23]和奈非那韦[24,25]等药物的重要前体。

首先，作者应用单金属钴配合物 **IIa** 催化 CO_2/CXO 的去对称共聚反应，在 25 ℃，2.0 MPa CO_2 压力下，[(*S*,*S*)-**IIa**]/[PPNX]/[CXO] = 1/1/500(X 是 2,4-二硝基苯酚根负离子)，发现活性很低(TOF < 1 h^{-1})，立体选择性很差(*ee* = 12%)。与本书第 3 章报道的双金属钴配合物催化的 CO_2/CPO 和 CO_2/CHO 共聚反应

相类似，在不加入助剂的条件下，当[(*S*,*S*,*S*,*S*)-**Ia**]或者[(*S*,*S*,*S*,*S*)-**Ib**]/[CXO] = 1/1000 时，此双金属催化体系可以顺利催化 CO_2/CXO 共聚反应，但是，催化活性相对较低（TOF < 60 h^{-1}），反应的立体选择性不高（*ee* < 80%）（表 5.2.1，序号 1 和 2）。加入助催化剂 PPNX（X 是 2,4-二硝基苯酚根负离子），在 25 ℃，2.0 MPa CO_2 压力的温和条件下，双金属配合物(*S*,*S*,*S*,*S*)-**Ia** 可以高立体选择性催化 CXO 与 CO_2 去对称交替反应，TOF 达到 150 h^{-1}，将聚合物降解为反式二醇，通过手性气相色谱测定其对映体过量值高达 90%（表 5.2.1，序号 3）。将此新型的 CO_2 共聚物进行 ^1H NMR 核磁表征，次甲基的氢原子由于受到碳酸酯单元的影响，化学位移在 4.7～4.8 之间，而亚甲基的两个氢原子由于磁不等价，裂分为二组峰（图 5.2.1）。对于本书中的双金属钴配合物催化的 CO_2 与环氧烷烃的去对称交替共聚反应，降低 3-位取代基位阻，可以提高反应的活性和立体选择性。例如，应用 3-位取代基是甲基的催化剂(*S*,*S*,*S*,*S*)-**Ib**，或者是氢的催化剂(*S*,*S*,*S*,*S*)-**Ic**，可以在温和条件下，高活性、高立体选择性实现 CO_2/CXO 的交替共聚，制备出完美全同结构的 CO_2 共聚物（*ee* > 99%），聚合物的比旋光度高达 +102°（表 5.2.1，序号 4 和 5）。改变双金属钴配合物的构型为(*R*,*R*,*R*,*R*)-**Ib**，催化结果与(*S*,*S*,*S*,*S*)-**Ib** 相类似，但得到聚碳酸酯结构单元是(*R*,*R*)-构型（表 5.2.1，序号 6）。

表 5.2.1　钴配合物催化的CO_2/CXO的去对称共聚反应

Tab.5.2.1　Enantiopure Co(Ⅲ)-complex-mediated copolymerization CO_2 with CXO

CXO + CO_2 —手性催化剂→ PCXC

序号	催化剂	催化剂/PPNX/CBO(摩尔比)	反应时间/h	转化频率/h^{-1}	分子量/($kg \cdot mol^{-1}$)	分子量分布	对映选择性/%	比旋光度/°
1	(*S*,*S*,*S*,*S*)-**Ia**	1/—/1000	6	52	11.3	1.10	62(*S*,*S*)	63(+)
2	(*S*,*S*,*S*,*S*)-**Ib**	1/—/1000	6	59	16.6	1.14	73(*S*,*S*)	75(+)
3	(*S*,*S*,*S*,*S*)-**Ia**	1/2/1000	2	150	12.2	1.09	90(*S*,*S*)	92(+)
4	(*S*,*S*,*S*,*S*)-**Ib**	1/2/1000	2	180	17.5	1.18	>99(*S*,*S*)	102(+)
5	(*S*,*S*,*S*,*S*)-**Ic**	1/2/1000	2	191	18.4	1.12	>99(*S*,*S*)	102(+)
6	(*R*,*R*,*R*,*R*)-**Ib**	1/2/1000	2	185	18.1	1.15	>99(*R*,*R*)	102(−)
7	(*S*,*S*,*S*,*S*)-**Ib**	1/2/1000	8	35	16.2	1.13	>99(*S*,*S*)	103(+)
8	(*S*,*S*,*S*,*S*)-**Ib**	1/2/1000	0.5	876	20.3	1.21	98(*S*,*S*)	101(+)
9	(*S*,*S*,*S*,*S*)-**Ib**	1/2/1000	6	22	6.7	1.16	>99(*S*,*S*)	103(+)
10	(*S*,*S*,*S*,*S*)-**Ib**	1/2/1000	2	98	11.5	1.12	>99(*S*,*S*)	102(+)
11	(*S*,*S*,*S*,*S*)-**Ib**	1/2/1000	2	198	19.7	1.17	>99(*S*,*S*)	102(+)
12	(*S*,*S*,*S*,*S*)-**Ib**	1/2/2000	4	137	18.4	1.20	>99(*S*,*S*)	102(+)
13	(*S*,*S*,*S*,*S*)-**Ib**	1/2/5000	10	68	10.3	1.19	>99(*S*,*S*)	102(+)
14	(*S*,*S*,*S*,*S*)-**Ib**	1/2/1000	12	83	50.2	1.22	>99(*S*,*S*)	102(+)
15	**Ie**	1/2/1000	12	20	12.1	1.15	0	0

注:(1)反应条件:反应温度是25 ℃,X是2,4-二硝基苯酚根负离子。

(2)聚合物选择性>99%,碳酸酯单元含量>99%。

(3)序号7,反应温度是0 ℃,序号8,反应温度是50 ℃。

(4)序号14,反应以二氯甲烷为溶剂,二氯甲烷/环氧烷烃 = 2/1(体积比)。

此外,作者还考察了反应条件对聚合反应的影响,无论是在高压(4 MPa)、低压(0.6 MPa)、甚至常压(0.1 MPa)下,该双金属配合物都具有高的活性和立体选择性(表5.2.1,序号9~11)。在环氧烷烃与CO_2不对称交替共聚领域,温度对反应的立体选择性有较大影响,升高温度会导致活性提高,但不利于反应的立体化学控制。研究发现，此双金属配合物可以在高温（50 ℃）条件下，高活性催化 CO_2/CXO 交替共聚（TOF = 876 h^{-1}），并且反应的立体选择性仍旧高达 98%（表 5.2.1，序号 8）。此外，该配合物在降低催化剂用量的条件下，仍可以催化 CO_2/CXO 不对称交替共聚，并且反应的立体选择性保持高位（表 5.2.1，序号 12 和 13）。在二氯甲烷为反应溶剂的条件下，环氧烷烃可以实现完全转化，得到聚合物的分子量高达 50.2 kg/mol，并且反应的立体化学选择性不受影响（表 5.2.1，序号 14）。这说明，双金属钴配合物可以高活性、高对映体选择性实现 4,4-二甲基-3,5,8-三氧杂-双环[5.1.0]辛烷与 CO_2 去对称共聚反应。

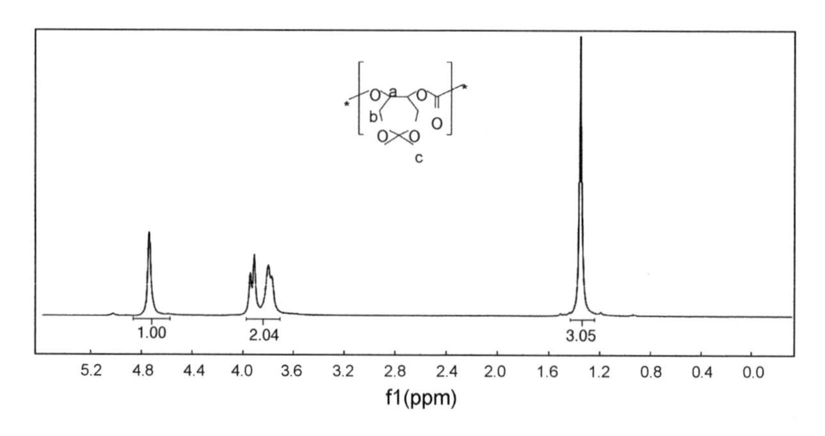

图 5.2.1　CO_2/CXO 交替共聚物的 ^{1}H NMR 图

Fig. 5.2.1　^{1}H NMR spectrum of a representative sample of CO_2/CXO copolymer in $CDCl_3$

为了更好地研究聚碳酸酯的微观结构，选用乙二胺骨架的双金属钴配合物 **Ie**，制备出无规结构的聚碳酸酯（表 5.2.1，序号 15）。

通过[13]C NMR 研究聚合物微观结构的差异发现，对于无规的聚合物，其羰基和次甲基碳出现裂分和变宽的现象，而全同立构的聚碳酸酯，则出现很窄的单峰，没有出现裂分(图 5.2.2)。

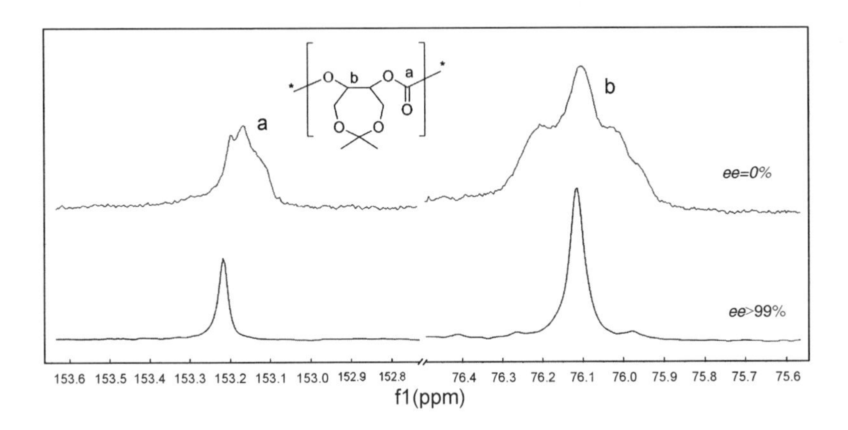

图 5.2.2　不对称催化 CO_2/CXO 聚合反应所得 PCXC 的[13]C NMR 羰基、次甲基部分放大图

Fig. 5.2.2　Carbonyl, methine region of ^{13}C NMR spectrum of PCXC

DSC 研究发现，无规结构的聚碳酸酯的玻璃化转变温度接近 140 ℃(图 5.2.3，左图，曲线 A)，之前 Darensbourg 曾报道过基于茚的环氧烷烃的 CO_2 共聚物，其玻璃化转变温度高达 138℃，但是其较低的分子量导致其分解温度仅为 250 ℃左右[151,152]，而基于 4，4-二甲基-3，5，8-三氧杂-双环[5.1.0]辛烷的 CO_2 共聚物，其热分解温度高达 310 ℃，进一步扩大了聚碳酸酯的应用范围(图 5.2.4)。全同立构的聚碳酸酯的 DSC 研究表明，此聚合物没有玻璃化转变温度，在 242 ℃左右具有很好的熔融吸热峰，其 ΔH_m = 25.218 J/g(图 5.2.3，左图，曲线 B)，表明该 CO_2 共聚物是结晶性材料。这是

作者所在课题组继环氧环己烷、环氧氯丙烷、苯基缩水甘油醚和3,4-环氧四氢呋喃的 CO_2 共聚物之后，开发的又一类具有结晶性的新型 CO_2 基高分子材料。

聚合物的可结晶性不仅使聚合物容易加工和成型，并且对于其机械和物理性能具有较大影响。广角X-射线衍射(WAXD)是目前公认测定聚合物的结晶性最直接的方法，应用WAXD对无规和高立构规整性的PCXC进行了研究。图5.2.3是PCXC样品经过在180 ℃等温处理2 h之后的WAXD图。结果表明，对于无规的PCXC，仅有弱而宽的衍生峰出现，表明其无定形的结构(图5.2.3，右图，曲线A)。而高立构规整性的PCXC的WAXD图在2θ角度为11.8°，14.3°，16.9°和20.4°出现尖而强的衍射峰，表明其优异的结晶性的存在(图5.2.3，右图，曲线B)。

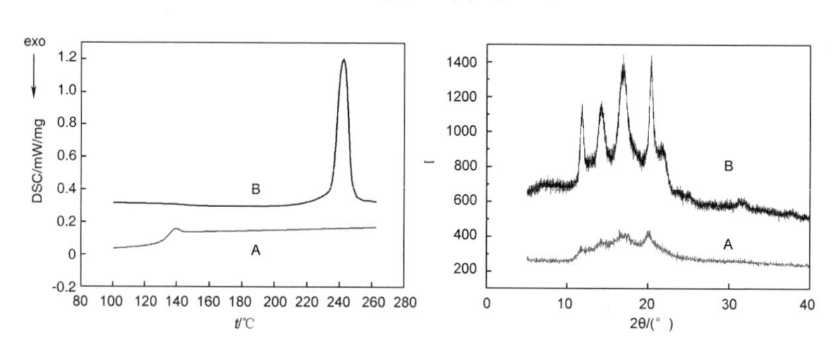

(A)：无规的PCXC；(B)：高立构规整性的PCXC(>99% *ee*)

图5.2.3 不同规整度PCXC的DSC图和广角X射线衍射图

Fig. 5.2.3 DSC thermograms in second heating and WAXD profiles

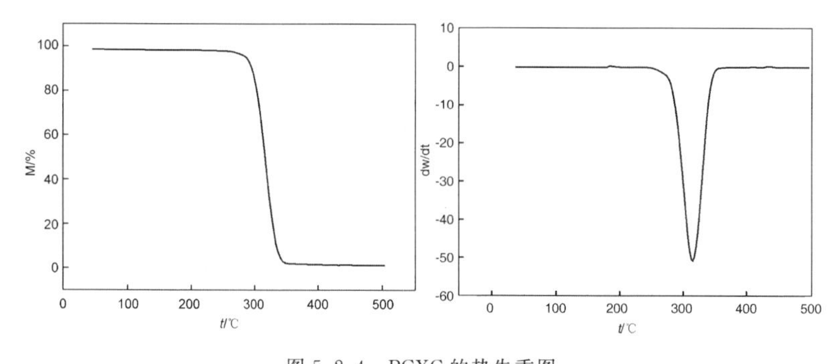

图 5.2.4　PCXC 的热失重图

Fig. 5.2.4　Representative thermolysis curve of PCXC

为了拓展 3,5-二氧杂环氧烷烃 CO_2 共聚物的类型，作者合成了具有不同取代基的 3,5-二氧杂环氧烷烃。由于此类环氧烷烃是固体或者是黏稠的液体，为了促进反应传质，选用甲苯为溶剂进行催化反应，在 25 ℃、2.0 MPa CO_2 压力下，环己基（**1c**）和亚甲基（**1b**）的底物可与 CO_2 共聚，制备出高立构规整性的聚碳酸酯，其中，**1b** 与 CO_2 共聚反应的立体选择性达到 92%，而 **1c** 与 CO_2 共聚反应的立体选择性>99%（表 5.2.2，序号 1 和 2）。为了测定立体诱导的方向，将 **1c** 的 CO_2 共聚物用氢氧化钠水溶液降解为反式二醇，应用氯仿为溶剂，成功得到其单晶结构，单晶分析表明，其构型是（*S*,*S*），即，（*S*,*S*,*S*,*S*）-**Ib** 催化的 3,5-二氧杂环氧烷烃与 CO_2 共聚得到的是（*S*,*S*）-过量的聚碳酸酯，立体选择性方向与之前报道的环氧环己烷和环氧环戊烷与 CO_2 共聚反应一致（图 5.2.5）。对于苯基取代的底物，由于其具有不同的构型，活性差异很大。对于 *endo*-**1d** 的底物，可以实现与 CO_2 共聚，但是，*exo*-**1d** 的底物则完全没有催化活性，这可能是由于苯基与环氧烷烃在异侧，会阻碍碳酸酯链端对其开环。由于苯基底物的 CO_2 共聚物在溶液条件下不稳定，很容易脱掉缩酮的结构，形成的物质很难进行分离提纯，导致其对映体过量值测定困难，但是，其高达+78°的比旋光值也间接说明，此 CO_2 共聚物具有高立构规整性，此外，这三类的 CO_2 共聚物都经过了核磁的表征（图 5.2.6～5.2.10）。

表 5.2.2 （*S*,*S*,*S*,*S*）－Ib 催化的 CO_2 与其他 3,5－二氧杂环氧烷烃去对称共聚反应

Tab. 5.2.2 Enantiopure dinuclear Co(Ⅲ)-complex (*S*,*S*,*S*,*S*)-Ib-mediated desymmetrization copolymerization CO_2 with other 3,5-dioxa-epoxides

O R1 R2 + CO_2 手性催化剂 * O O O * O O R1 R2

序号	环氧烷烃	反应时间/h	转化率/%	转化频率/h^{-1}	分子量/($kg \cdot mol^{-1}$)	分子量分布	对映选择性/%	比旋光度/°	玻璃化转变温度/熔点/℃
1		8	80	50	7.4	1.21	92(*S*,*S*)	75(+)	118/—
2		4	91	114	12.6	1.26	>99(*S*,*S*)	109(+)	—/179
3	Ph	24	<1	<1	—	—	—	—	—
4	Ph	8	>99	63	8.9	1.28	—	78(+)	123/257

注：(1) 反应条件：[(*S*,*S*,*S*,*S*)-**Ib**]/[PPNX]/[环氧烷烃] = 1/2/500，CO_2 压力 2.0 MPa，反应温度 25 ℃，X 是 2,4-二硝基苯酚根负离子。

(2) 聚合物选择性>99%，碳酸酯单元含量>99%。

(3) 反应以甲苯为溶剂，甲苯/环氧烷烃 = 2/1(摩尔比)。

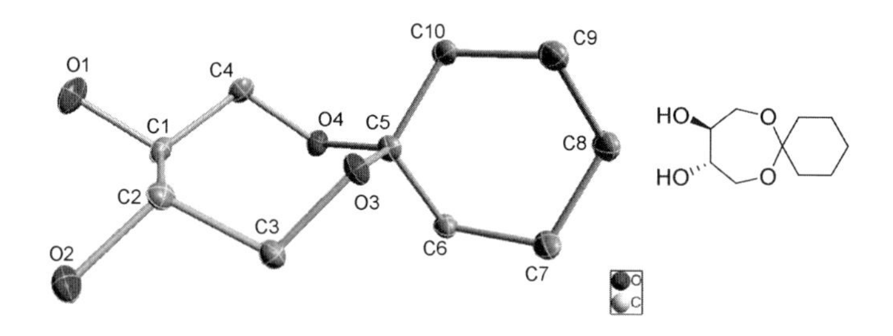

图 5.2.5 **1c** 的 CO_2 共聚物降解产物(*S*,*S*)-二醇的单晶图

Fig. 5.2.5 Molecular structure of (*S*,*S*)-diol produced from the hydrolysis of CO_2 copolymers form **1c**

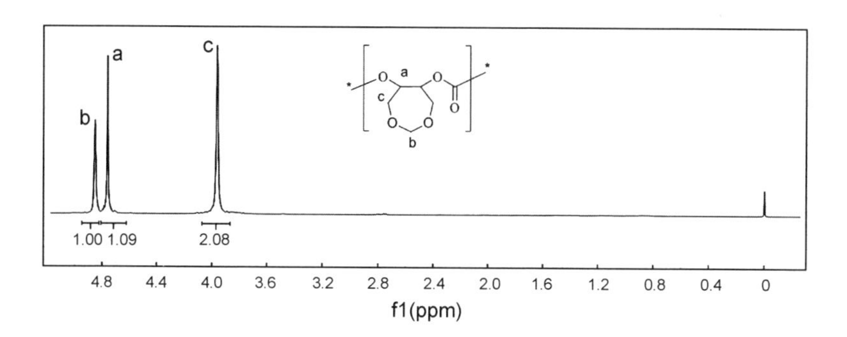

图 5.2.6 **1b**/CO_2 共聚物的 ^{1}H NMR 图

Fig. 5.2.6 ^{1}H NMR spectrum of the CO_2 polymers from **1b**

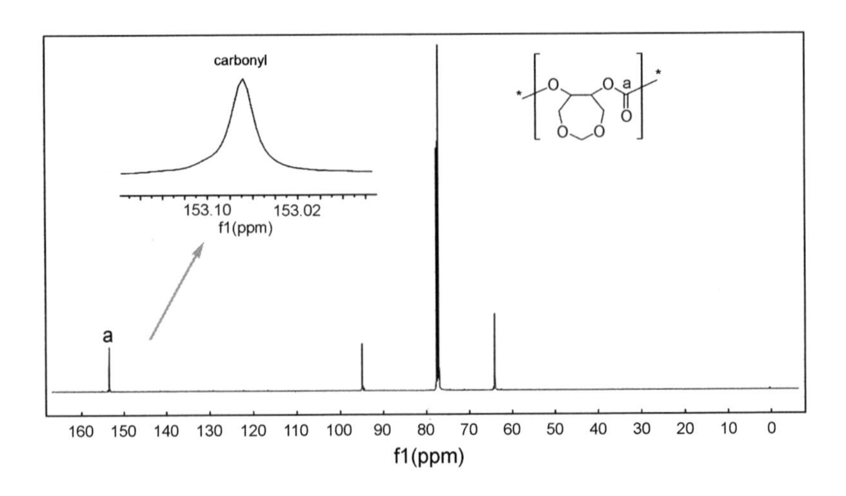

图 5.2.7 **1b**/CO_2共聚物的^{13}C NMR 图

Fig. 5.2.7 ^{13}C NMR spectrum of the CO_2 polymers from **1b**

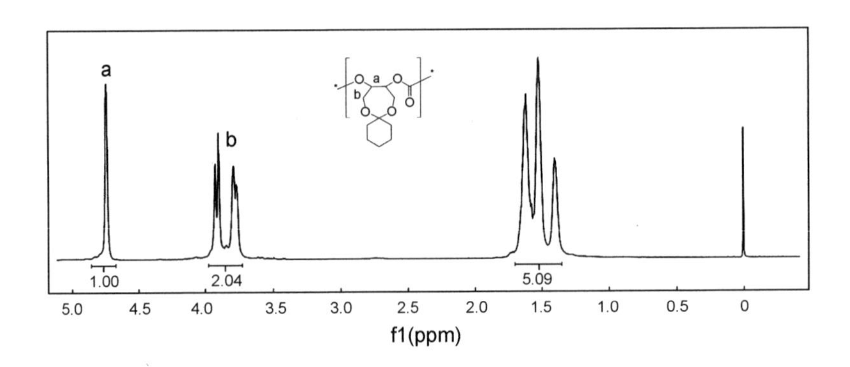

图 5.2.8 **1c**/CO_2共聚物的^{1}H NMR 图

Fig. 5.2.8 ^{1}H NMR spectrum of the polycarbonates from **1c**

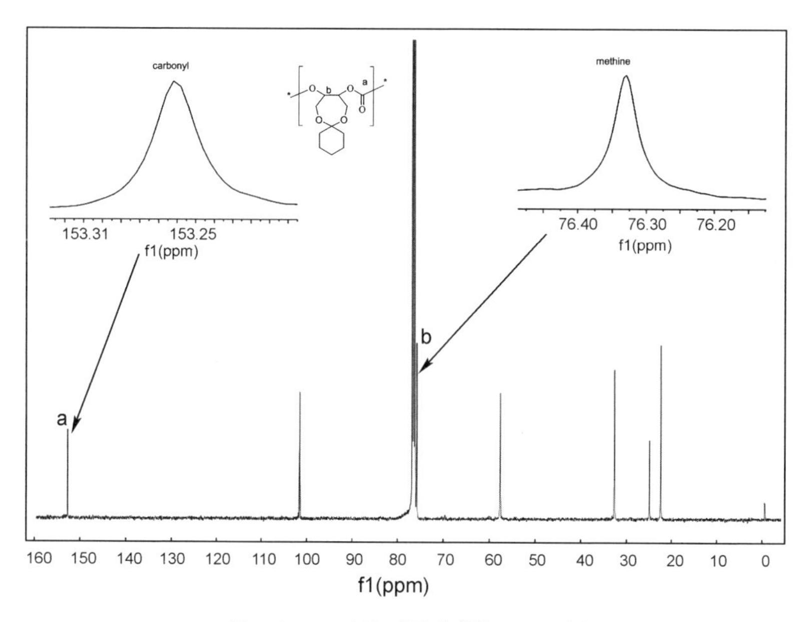

图 5.2.9 **1c**/CO_2共聚物的^{13}C NMR 图

Fig. 5.2.9 ^{13}C NMR spectrum of the CO_2 polymers from **1c**

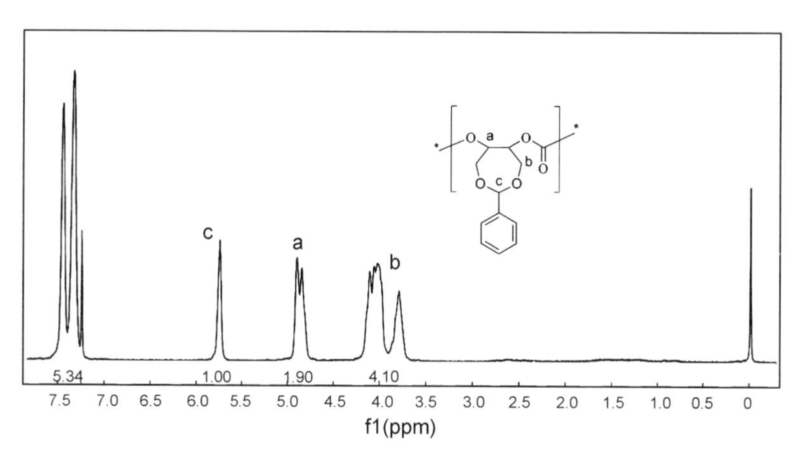

图 5.2.10 *endo*-**1d**/CO_2共聚物的^{1}H NMR 图

Fig. 5.2.10 ^{1}H NMR spectrum of the polycarbonates from *endo*-**1d**

同样，作者对此高立构规整度的聚碳酸酯进行了DSC研究。由于**1b**和*endo*-**1d**的CO_2共聚物的热分解温度仅为250 ℃，所以，对这两个聚合物进行了封端处理（见本书第4章4.1.1）。具体DSC测试方法为：将5 mg左右的样品以10 K/min的升温速率从室温升到180 ℃，以消除热历史。然后以10 K/min的降温速率降至20 ℃，再以10 K/min的升温速率升至290 ℃，记录量热曲线（图5.2.11）。**1b**的CO_2共聚物在DSC图上仅存在一个玻璃化转变温度，推测可能是立构规整性太低导致其不容易结晶。而**1c**的CO_2共聚物则在179 ℃存在熔融峰，而*endo*-**1d**的CO_2共聚物在123 ℃存在一个玻璃化转变温度和257 ℃存在一个熔融峰，这也验证其是一种新型的半结晶材料。

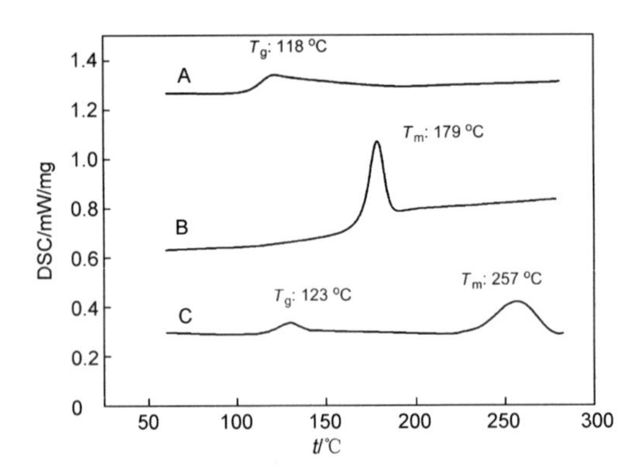

(A)：**1b**；(B)：**1c**；(C)：*endo*—**1d**；(**1b**和*endo*—**1d**的CO_2共聚物经过封端处理)

图5.2.11　不同3,5-二氧杂环氧烷烃的CO_2共聚物的DSC图

Fig. 5.2.11　DSC thermograms of various CO_2 polymers

5.3 功能性 CO_2 共聚物的制备和接枝研究

由于基于3,5-二氧杂环氧烷烃的 CO_2 共聚物具有缩酮结构，经过简单的酸处理，此缩酮结构可以脱掉，易于得到含有羟基的聚碳酸酯，便于进行功能化研究。以DMF为溶剂，将高立构规整性的基于3,5-二氧杂环氧烷烃的聚碳酸酯(M_n = 17.5 kg/mol；PDI = 1.18；表5.2.1，序号4)溶解，缓慢滴加氯化氢的甲醇溶液(2 mol/L，2 mL)，在0 ℃搅拌过夜，经过洗涤，可以得到含有羟基的聚碳酸酯(M_n = 13.0 kg/mol；PDI = 1.11)(参见本章5.1.3)，其在非极性或者低极性溶剂中溶解性差，但在强极性溶剂中溶解很好，并且，此聚碳酸酯不稳定，对水和温度比较敏感，容易分解。其 ^{1}H NMR测试结果表明，缩酮结构已经完全脱掉，^{13}C NMR测试结果表明其立构规整性并没有受到影响(图5.3.1和5.3.2)。热失重测试表明，相对于3,5-二氧杂环氧烷烃的 CO_2 共聚物窄而高的热分解温度(315～330 ℃)，其分解温度低而宽(210～270 ℃)，这也间接验证了其结构的不稳定性(图5.3.3)。

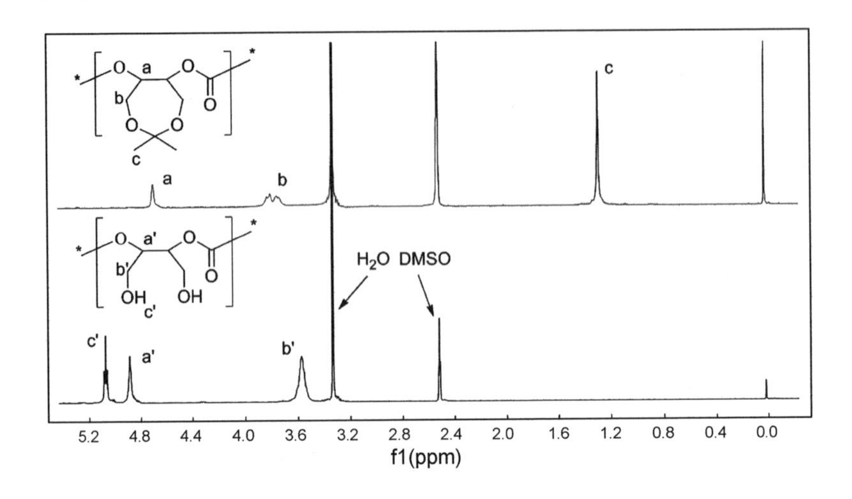

图 5.3.1　聚 1,2-二羟甲基碳酸乙烯酯的^{1}H NMR 图

Fig. 5.3.1　^{1}H NMR spectrum of poly(1,2-bis(hydroxymethyl)ethylene carbonate)s in DMSO-d_6

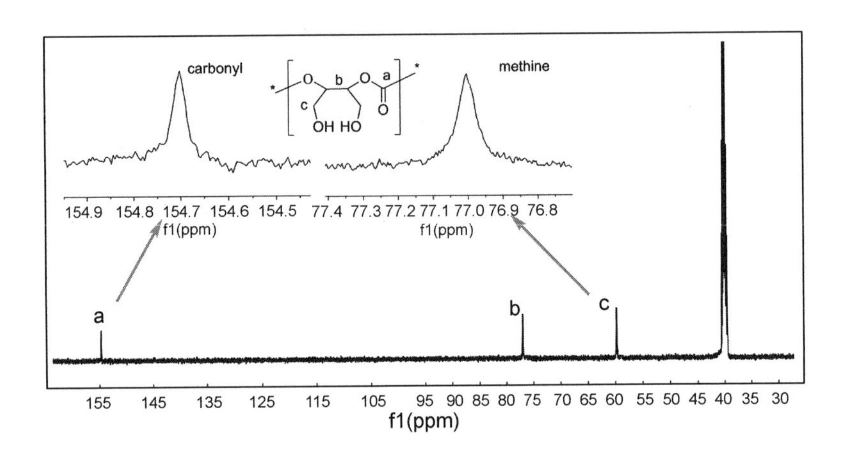

图 5.3.2　聚 1,2-二羟甲基碳酸乙烯酯的^{13}C NMR 图

Fig. 5.3.2　^{13}C NMR spectrum of poly(1,2-bis(hydroxymethyl)

ethylene carbonate)s in DMSO-d_6

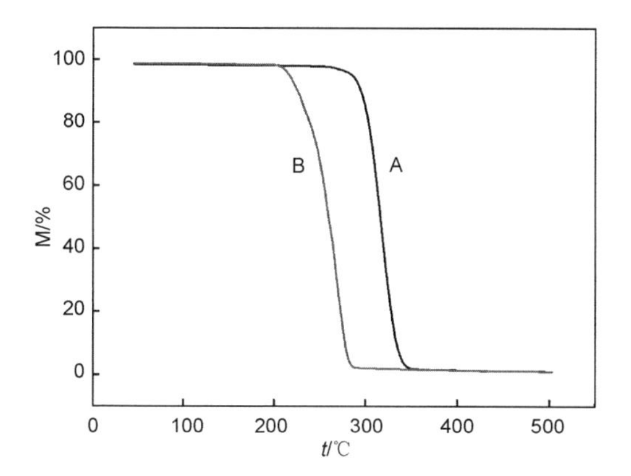

图 5.3.3 高立构规整性的(A)PCXC(M_n = 17.5 kg/mol;PDI = 1.18;表 5.2.1,序号 4)和(B)聚 1,2-二羟甲基碳酸乙烯酯(M_n = 13.0 kg/mol;PDI = 1.11)的热失重图

Fig. 5.3.3 Thermolysis curves of (A):isotactic PCXC (M_n = 17.5 kg/mol; PDI = 1.18; Tab. 5.2.1, entry 4), and (B):its deprotection product, isotactic poly (1,2-bis (hydroxymethyl)ethylene carbonate)s (M_n = 13.0 kg/mol; PDI = 1.11)

由于聚 1,2-二羟甲基碳酸乙烯酯的羟基很活泼,容易发生分子内的回咬而形成环状碳酸酯导致聚合物链的降解,而且,由于羟基之间位阻较大,分子链中过多羟基导致很难进行功能化研究。于是选用 4,4-二甲基-3,5,8-三氧杂-双环[5.1.0]辛烷、环氧环己烷和CO_2的三元共聚来降低聚合物中羟基的浓度,进而提高功能化效率。以双金属配合物(S,S,S,S)-**Ib**/PPNX(X = 2,4 二硝基苯酚根负离子)为催化体系,在 0 ℃下,2.0 MPa CO_2压力的条件下,[(S,S,S,S)-**Ib**]/[PPNX]/[环氧烷烃] = 1/2/1000(摩尔比),以甲苯为溶剂,通过改变 CXO 与 CHO 的投料比例,成功制备

出具有不同 CHC 含量的三元共聚物(poly(CHC-*co*-CXC)),再经过简单的酸处理,得到含有羟基的三元共聚物(poly(CHC-*co*-CFC))。不同含量 CFC 的三元共聚物均经过[1]H NMR 表征(图 5.3.4～5.3.7)。此共聚物的 DSC 表明其是可结晶性的高分子材料,其熔点 T_m 与 CHC 单元的含量密切相关,CHC 的含量越高,T_m 越高(图 5.3.8)。

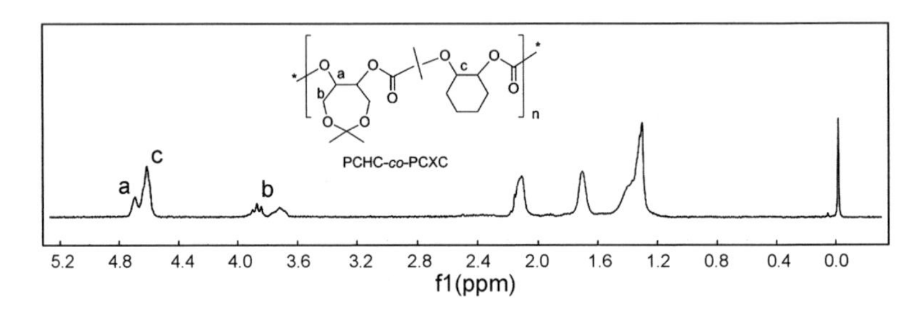

图 5.3.4　Poly(CHC-*co*-CFC)(CHC∶CXC = 4∶1)的[1]H NMR 图

Fig. 5.3.4　^{1}H NMR spectrum of poly(CHC-*co*-CXC) (CHC∶CFC = 4∶1) in $CDCl_3$

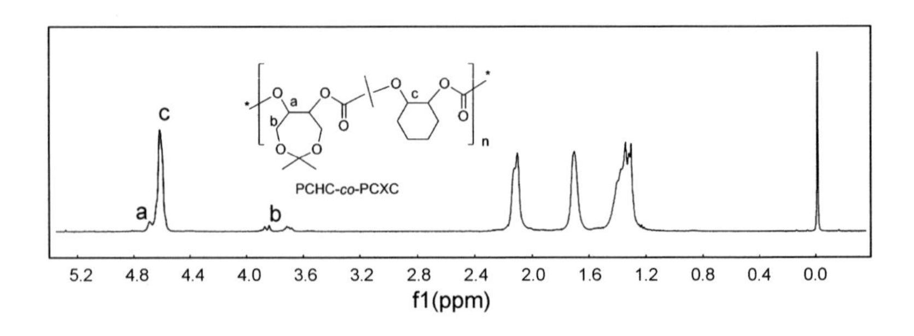

图 5.3.5　Poly(CHC-*co*-CFC)(CHC∶CXC = 20∶1)的[1]H NMR 图

Fig. 5.3.5　^{1}H NMR spectrum of poly(CHC-*co*-CXC) (CHC:CXC = 20∶1) in $CDCl_3$

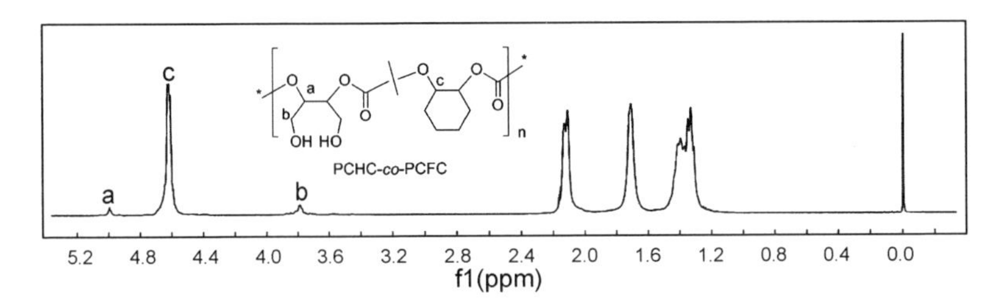

图 5.3.6 Poly(CHC-*co*-CFC)(CHC : CFC = 20 : 1)的 ^{1}H NMR 图

Fig. 5.3.6 ^{1}H NMR spectrum of poly(CHC-*co*-CFC) (CHC : CFC = 20 : 1)

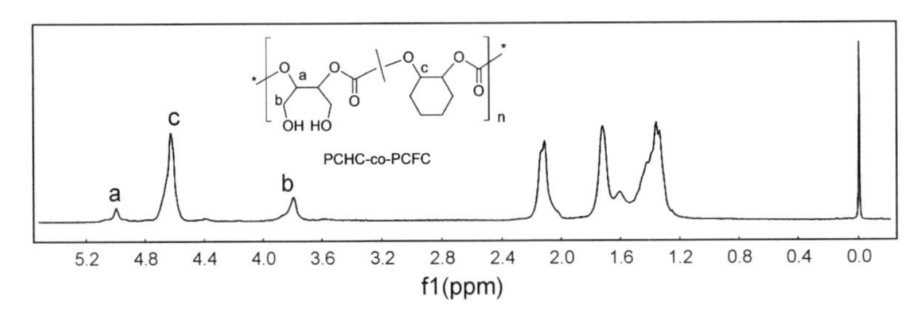

图 5.3.7 Poly(CHC-*co*-CFC)(CHC : CFC = 4 : 1)的 ^{1}H NMR 图

Fig. 5.3.7 ^{1}H NMR spectrum of poly(CHC-*co*-CFC) (CHC : CFC = 4 : 1)

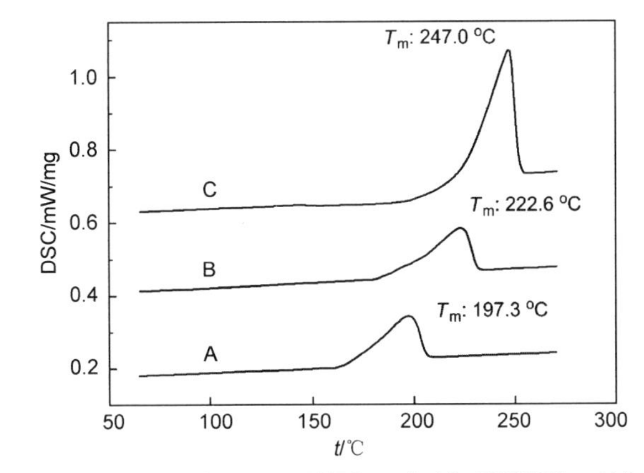

(A):CHC/CFC = 3/2;(B):CHC/CFC = 4/1;(C):CHC/CFC = 20/1

图 5.3.8 不同 CFC 含量的 CO_2 三元共聚物的 DSC 图

Fig. 5.3.8 DSC thermograms of various poly(CHC-*co*-CFC)

为了方便进行功能化研究，制备了具有单峰分布的 $M_n=13000$ g/mol、PDI = 1.21 的 poly(CHC-*co*-CFC)三元共聚物，该共聚物的每条聚合物链大约含有 10 个羟基，以 DBU 为催化剂，该羟基作为引发基团引发丙交酯开环聚合(图 5.3.9)(参见本章 5.1.4)。GPC 测试结果表明，相对于接枝前的聚合物，接枝之后的聚合物的分子量增加到 25000 g/mol，并且分子量分布在接枝实验前后没有明显变化，此结果证明了该接枝实验制备出主链为聚碳酸酯，侧链为聚丙交酯的新型拓扑结构的梳状聚合物。并且，该聚合物的核磁研究表明，碳酸环己烯酯单元次甲基特征信号的化学位移在 4.6～4.7 之间，而聚丙交酯单元次甲基氢原子信号出现在 5.1～5.2 之间，甲基信号出现在 1.6 左右(图 5.3.10 和 5.3.11)。

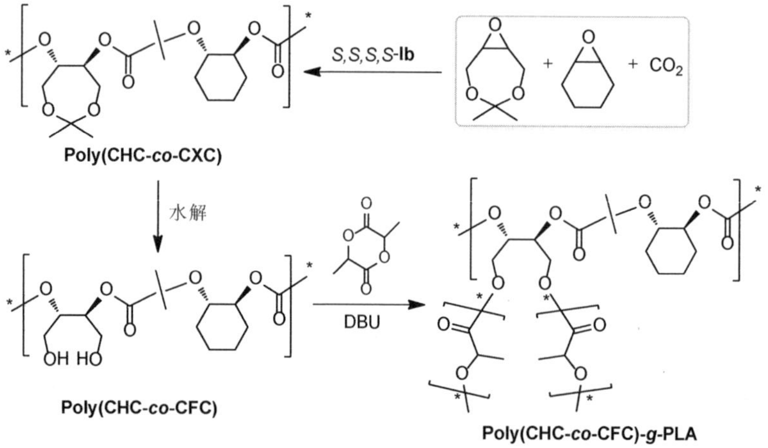

图 5.3.9　CO_2/CXO/CHO 三元共聚物的制备与功能化图

Fig. 5.3.9　The terpolymerization and functionallization of CO_2/CXO/CHO

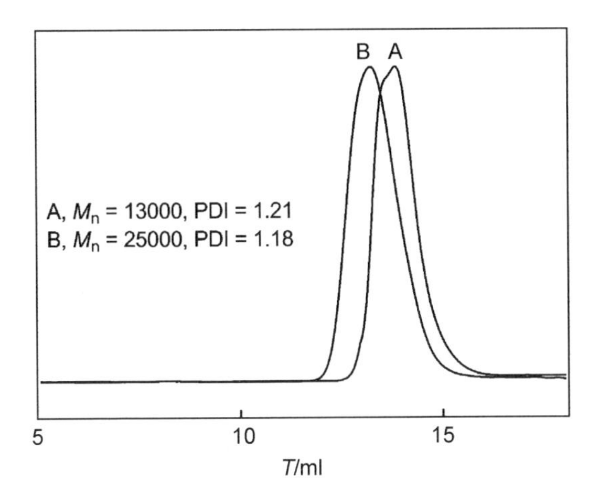

A:Poly(CHC-*co*-CFC)和 B:poly(CHC-*co*-CFC)-*g*-PLA

图 5.3.10 凝胶渗透色谱图

Fig. 5.3.10 GPC traces

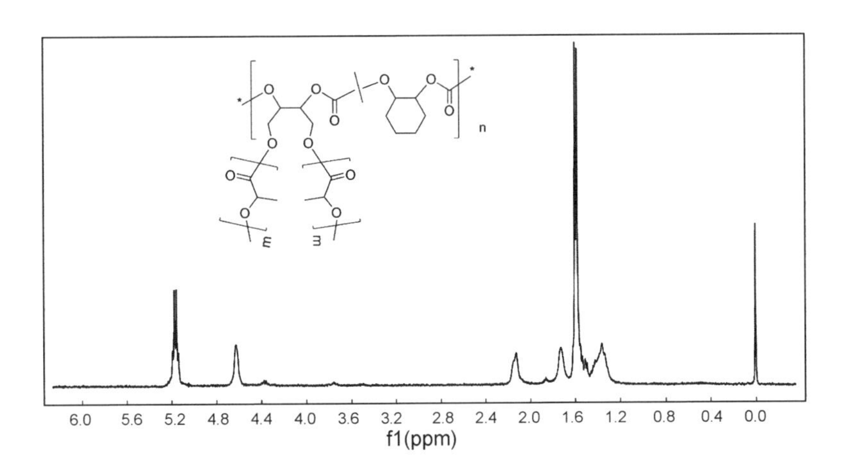

图 5.3.11 Poly(CHC-*co*-CFC)-*g*-polylactide 的^{1}H NMR 图

Fig. 5.3.11 ^{1}H NMR spectrum of poly(CHC-*co*-CFC)-*g*-polylactide

5.4 本章小结

(1)作者应用基于联苯的双金属钴配合物，实现了3,5-二氧杂环氧烷烃与CO_2的去对称交替共聚，制备出三种结晶性CO_2基高分子材料。根据环氧烷烃4-位取代基的差异，此CO_2共聚物的熔点T_m在179～242 ℃。对于其无规的CO_2共聚物，玻璃化转变温度T_g接近140 ℃。

(2)经过简单的酸处理，此高立构规整性的CO_2共聚物可以脱掉缩酮结构制备含有羟基的聚合物，以DBU为催化剂，共聚物中的羟基可以引发丙交酯开环聚合，制备出主链是聚碳酸酯，侧链是聚丙交酯的新型可降解性高分子材料。

6　CO_2与内消旋环氧烷烃共聚的立体化学控制机理研究

在诸多报道的CO_2与环氧烷烃共聚反应的催化体系中，基于Co(Ⅲ)-Salen配合物以其高的活性和选择性(产物、化学结构、立体)受到越来越多的关注[63]。吕小兵教授课题组对Co(Ⅲ)-Salen配合物催化环氧丙烷与CO_2共聚的反应机理研究做出了重要贡献，应用ESI-MS和FT-IR等手段，详细阐述了助催化剂在共聚反应中起到引发反应和稳定三价钴的作用，提出共聚反应的机理，促进了后续钴配合物的设计和发展[105,110,157,158]。

作者所开发的基于联苯的双金属钴配合物，在催化内消旋环氧烷烃(环氧环己烷、环氧环戊烷、顺-2,3-环氧丁烷、3,4-环氧四氢呋喃、3,5-二氧杂环氧烷烃和2,3-环氧-1,2,3,4-四氢化萘)与CO_2交替共聚反应具有非常高的活性和立体选择性，得到具有完美全同结构的聚碳酸酯。理解该双金属钴配合物催化内消旋环氧烷烃与CO_2共聚机理和如何控制聚合产物的对映体选择性将有利于设计更高活性、更高立体选择性的优秀催化体系。应用图 6.0.1 所示的模式化合物，通过 X-单晶衍射、密度泛函理论计算、动力学和核磁质谱等实验，详细阐述该双金属钴配合物催化环氧烷烃与 CO_2 共聚反应机理。

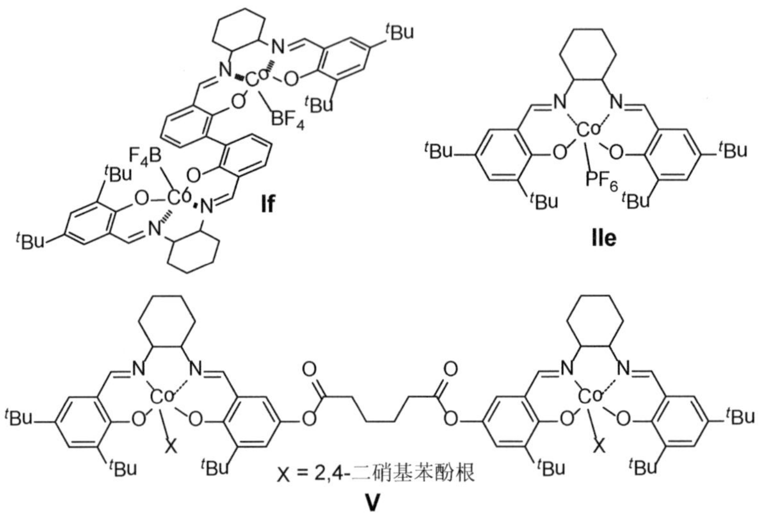

图 6.0.1　用于进行机理研究的单和双金属钴配合物

Fig. 6.0.1　Mono- and di-nuclear cobalt complexes for the mechanism study

6.1　催化剂的制备、红外实验方法和理论计算参数

6.1.1　催化剂的制备

(1)助催化剂 $PPNPF_6$ 的制备

氮气保护下，将 PPNCl(1.15 g，2.00 mmol)溶于 40 mL 精制

的二氯甲烷，分批加入六氟磷酸银(0.51 g，2.00 mmol)，室温避光搅拌 12 h，过滤除去氯化银沉淀。滤液浓缩至 2 mL 左右加入 20 mL 精制的乙醚，析出大量白色沉淀，压滤得产品[产量：1.01 g，产率 92%。^{1}H NMR ($CDCl_3$，400 MHz)：δ 7.43～7.49 (m，24H)，7.64～7.67 (m，6H)；^{13}C NMR ($CDCl_3$，100 MHz)：δ 126.52，127.59，129.68，129.75，129.82，132.18，132.24，132.29，134.04. HRMS (m/z)：理论值$[C_{36}H_{30}NP_2]^+$：538.1853，测量值 538.1850]。

(2)有机碱助催化剂的制备

有机碱的合成步骤参见图 6.1.1。

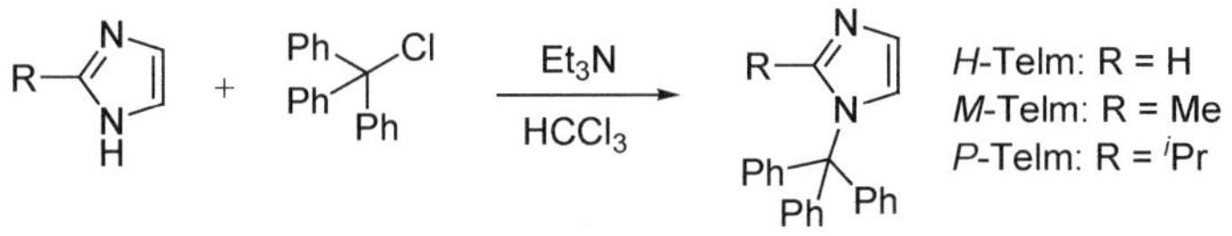

图 6.1.1　有机碱的合成步骤

Fig. 6.1.1　Synthesis of organic bases

化合物 *H*-Telm：氮气保护下，咪唑(1.36 g，0.02 mol)和三乙胺(8.32 mL，0.06 mol)溶于 20 mL 精制氯仿中，在 0 ℃下，缓慢滴加三苯基氯甲烷(6.10 g，0.022 mol)的 15 mL 氯仿溶液，反应液升至室温，搅拌 1 h。将反应液倾入 20 mL 的浓度为 0.5 mol/L 的稀盐酸中，用氯仿萃取(20 mL × 3)，合并有机相，经饱和 $NaHCO_3$ (50 mL × 3)、饱和食盐水(50 mL×3)洗涤，无水硫酸钠干燥后，减压除去溶剂得粗产物。应用柱色谱法(硅胶柱;展开剂:CH_2Cl_2/MeOH = 10/1)分离提纯,并用乙酸乙酯重结晶,得到产品,为白色固体(产量:5.30 g,产率:85%)。^1H NMR ($CDCl_3$, 400 MHz): δ 6.83 (s, 1H), 7.07 (s, 1H), 7.13~7.15 (m, 6H), 7.32~7.34 (m, 9H), 7.47 (s, 1H); ^{13}C NMR ($CDCl_3$, 100 MHz): δ 75.27, 121.76, 128.08, 128.09, 128.44, 129.85, 139.09, 142.59. HRMS (m/z):理论值$[C_{22}H_{19}N_2]^+$:311.1548,测量值311.1549。

化合物 *M*-Telm:除用 2-甲基咪唑替换咪唑,合成方法与 *H*-Telm相同,收率:91%。^1H NMR ($CDCl_3$, 400 MHz): δ 1.65 (s, 3H), 6.71 (s, 1H), 6.90 (s, 1H), 7.12~7.14 (m, 6H), 7.26~7.31 (m, 9H); ^{13}C NMR ($CDCl_3$, 100 MHz): δ 17.36, 74.91, 121.65, 125.48, 127.85, 128.03, 130.67, 142.48, 147.08. HRMS (m/z): HRMS (m/z):理论值$[C_{23}H_{21}N_2]^+$:325.1705,测量值 325.1710。

化合物 *P*-Telm:除用 2-异丙基咪唑替换咪唑,合成方法与 *H*-Telm 相同,收率:94%。^1H NMR ($CDCl_3$, 400 MHz): δ 0.66 (d, J = 8.0 Hz, 6H), 2.38~2.42 (m, 1H), 6.70 (d, J = 1.2 Hz, 1H), 6.90 (d, J = 1.2 Hz, 1H), 7.18~7.20 (m, 6H), 7.33~7.35 (m, 9H); ^{13}C NMR ($CDCl_3$, 100 MHz): δ 21.92, 29.12, 74.58, 120.28, 125.82, 127.75, 128.10, 129.95, 142.86, 155.74. HRMS (m/z):理论值$[C_{25}H_{25}N_2]^+$:

353.2018，测量值:353.2015。

(3)配合物 **If**、**IIe** 和 **V** 的制备

模式化合物 **If** 的合成参见图 6.1.2。

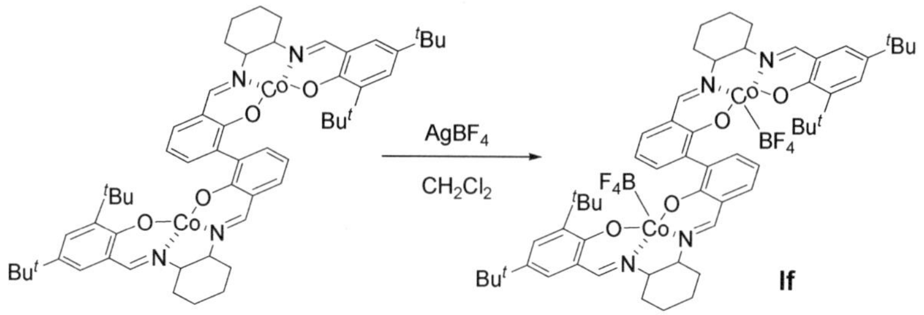

图 6.1.2　模式化合物 **If** 的合成

Fig. 6.1.2　Synthesis of model complex **If**

(*S*,*S*,*S*,*S*)-**If**:将二价钴配合物(0.98 g, 1.00 mmol)溶于 20 mL 精制二氯甲烷中,加入四氟硼酸银(0.39 g, 2.00 mmol),室温避光搅拌 1 h,过滤除去不溶物,旋干溶剂得到产品,为墨绿色固体,产量 1.10,产率 95%。^{1}H NMR (DMSO—d_6, 400 MHz):δ 1.27 (s, 18H), 1.57 (s, 18H), 1.58～1.62 (m, 4H), 1.92～2.08 (m, 8H), 3.05～3.14 (m, 4H), 3.66～3.67 (m, 4H), 6.85 (t, J = 7.6, 2H), 7.38 (s, 2H), 7.43 (s, 2H), 7.65 (d, J = 7.6, 2H), 7.82 (s, 2H), 8.01 (s, 2H), 8.47 (d, J = 7.6, 2H); ^{13}C NMR (DMSO-d_6, 100 MHz):δ 24.75, 29.59. 29.97, 30.87, 31.54, 31.90, 33.99, 36.07, 69.64, 70.10, 116.16, 119.24, 120.01, 129.05, 129.40, 131.82, 134.18, 136.46, 138.72,

142.61，162.56，162.84，164.99，165.13. HRMS (m/z)：理论值[$C_{56}H_{70}BCo_2F_4N_4O_4$]$^+$ ([**If** − BF_4]$^+$)：1067.4090；测量值11067.4091，理论值[$C_{56}H_{70}Co_2N_4O_4$]$^{2+}$ ([**If** − $2BF_4$]$^{2+}$)：490.2031；测量值490.2035。

模式化合物 **IIe** 的二价钴配合物的合成参考文献[129]。

模式化合物 **IIe** 的合成参见图 6.1.3。

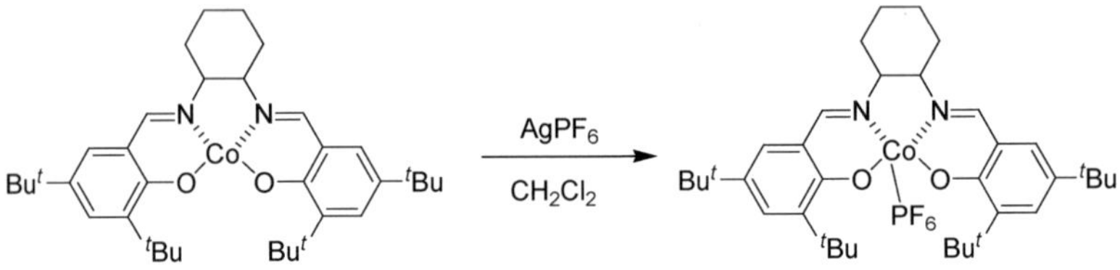

图 6.1.3　模式化合物 **IIe** 的合成

Fig. 6.1.3　Synthesis of model complex **IIe**

配合物 **IIe**：将二价钴配合物(0.60 g，1.00 mmol)溶于 20 mL 精制二氯甲烷中，加入六氟磷酸银(0.26 g，1.00 mmol)，室温避光搅拌 1 h，过滤除去不溶物，旋干溶剂得到产品，为墨绿色固体，产量：0.70，产率：92%。^{1}H NMR (DMSO−d_6，400 MHz)：δ 1.31 (s，18H)，1.52～1.58 (m，2H)，1.75 (s，18H)，1.78～2.01 (m，4H)，3.06～3.08 (m，2H)，3.60～3.62 (m. 2H)，7.45 (s，2H)，7.48 (s，2H)，7.85 (s，2H)；^{13}C NMR (DMSO−d_6，100 MHz)：δ 24.74，29.98，30.86，31.97，34.00，36.25，69.72，119.05，129.23，129.70，136.35，142,26，162.53，165.09.

HRMS (m/z)：理论值[$C_{36}H_{52}CoN_2O_2$]$^+$ ([**IIe** − PF_6]$^+$)：603.3361；测量值 603.3365。

催化剂 **V** 的二价钴配合物的合成参考文献[121,159]。

催化剂(S,S,S,S)-**V**：将二价钴配合物(0.25 g，0.20 mmol)和 2,4－二硝基苯酚(0.074 g，0.40 mmol)溶于 20 mL 二氯甲烷溶液中，通入氧气氧化 1 h，旋干溶剂，真空干燥得到墨绿色粉末固体，产量，0.29 g，产率 90%。^{1}H NMR (DMSO－d_6，400 MHz)：δ 1.38 (s，18H)，1.71 (s，36H)，1.58～1.99 (m，16 H)，2.64～2.66 (m，4H)，3.02～3.09 (m，4H)，3.57～3.59 (m，4H)，6.54～6.56 (m，2H)，7.10 (s，2H)，7.31 (s，2H)，7.45～7.48 (m，4H)，7.85～7.93 (m，6H)，8.62 (s，2H)；^{13}C NMR (DMSO－d_6，100 MHz)：δ 24.61，24.70，29.41，29.68，30.51，30.85，31.65，31.91，34.03，34.66，36.18，36.28，69.73，69.93，118.91，118.99，123.33，124.83，125.38，125.79，126.61，126.69，128.46，129.45，129.81，136.50，139.09，142.26，143.96，162.44，162.54，164.61，165.28，167.01，172.86. HRMS (m/z)：理论值[$C_{76}H_{97}Co_2N_6O_{13}$]$^+$ ([**V** − X]$^+$)：1419.5778；测量值 1419.5770，理论值[$C_{70}H_{94}Co_2N_4O_8$]$^{2+}$ ([**V** − 2X]$^{2+}$)：618.2868；测量值 618.2863。

6.1.2 原位红外监测的共聚反应

仪器：METTLER TOLEDO 公司的 ASI ReactIR 45 原位红外仪，并配有 Parr 公司的 100 mL 高压釜，釜底配有可供红外信号穿过的 ZnSeW AR 视窗。

方法：氮气保护下，将所需要的催化剂和环氧烷烃加入许林克瓶中。将高压原位红外反应釜在 100 ℃抽真空 1 h 干燥，待其冷却至室温，将许林克瓶中的反应液转移至原位红外反应釜，并充入 CO_2气体到 2.0 MPa。打开反应釜的自动搅拌进行聚合反应，同时原位红外仪每 1 min 自动采集一次红外信号。

6.1.3 理论计算参数

所有的计算采用高斯 09 程序，结构优化和频率计算使用 DFT 密度泛函的 B3LYP 函数，对所有原子采用 6-31G(d)的全电子基组，经频率计算验证，反应物及中间体没有虚频，过渡态结构有一个虚频，得到热力学数据，中心金属的多重度为 1。经 IRC 验证，过渡态是连接相应的两个最小点结构的过渡态。为了节省计算时间，结构优化采用了 ONIOM 的分层模型，叔丁基被放入低层，高层采用 B3LYP/6-31G(d)的方法及基组，低层采用 HF/Lanl2mb 的方法及基组。单点计算使用 M06 函数，并且采用 6-31+G(d,p)的基组，溶剂化自由能采用 CPCM 的模型，正如实验中的一样，甲苯在溶剂化计算中被使用。溶剂化自由能的计算采用溶剂化单点的 SCF Done 的电子能和气相下结构优化的自由能校正项。

6.2　双金属钴配合物催化内消旋环氧烷烃与CO_2共聚立体化学控制机理

6.2.1　不同Co(Ⅲ)-Salen配合物催化的CO_2/CHO共聚的动力学研究

为了说明单金属钴配合物以及基于不同连接基团的双金属钴配合物在催化CO_2/CHO共聚过程中的反应机理、立体选择性方向的差异，合成了如图6.0.1所示的催化剂，表6.2.1是其催化CO_2/CHO去对称共聚反应结果。在[催化剂]/[CHO] = 1/1000，反应温度25 ℃，CO_2压力2.0 MPa，单金属钴配合物(*S*,*S*)-**IIa**的活性仅为6 h^{-1}，并且聚合反应会伴有一定量的聚醚产生。而基于柔性酯链连接的双金属钴配合物(*S*,*S*,*S*,*S*)-**V**的活性也不高(TOF = 10 h^{-1})，此外，这两个催化剂的立体选择性相近，用(*S*,*S*)或者(*S*,*S*,*S*,*S*)构型的催化剂得到*ee*值为40%左右的(*R*,*R*)-过量的聚合物，并且共聚反应都伴有10%左右的聚醚形成(表6.2.1，序号1和2)。然而，在相同的反应条件下，基于联苯的双金属配合物则表现了完全不同的活性和立体选择性方向，反应的TOF高达194 h^{-1}，并且聚碳酸酯单元含量>99%，值得一提的是，用(*S*,*S*,*S*,*S*)-**Ia**得到了(*S*,*S*)-过量的聚碳酸环己烯酯，此催化结果表明基于联苯的双金属钴配合物在催化CO_2/CHO共聚过程中与单金属钴配合物**IIa**和柔性酯链连接的双金属钴配合物**V**具有完全不同的反应机理(表 6.2.1，序号 3)。为了在分子水平上理解此类配合物催化 CO_2/CHO 共聚的机理,进行了动力学实验(表 6.2.2)和非线性效应研究。

表 6.2.1　钴配合物催化的 CO_2/CHO 去对称共聚反应

Tab. 6.2.1　Copolymerization of CHO with CO_2 catalyzed by cobalt complex

序号	催化剂	反应时间/h	转化频率 h^{-1}	碳酸酯单元含量/%	分子量/(kg・mol^{-1})	分子量分布	对映选择性/%
1	(*S*,*S*)-**IIa**	24	6	90	5.9	1.24	39(*R*,*R*)
2	(*S*,*S*,*S*,*S*)-**V**	24	10	91	6.4	1.35	41(*R*,*R*)
3	(*S*,*S*,*S*,*S*)-**Ia**	2	194	>99	20.5	1.25	33(*S*,*S*)

注：[催化剂]/[CHO] = 1/1000,摩尔比,反应温度 25℃,CO_2 压力 2.0 MPa

表 6.2.2　配合物 Ia、IIa 和 V 催化 CO_2/CHO 共聚的原位红外实验数据

Tab. 6.2.2　Summary of the *in situ* IR experiments of CO_2/CHO copolymerization catalyzed by Ia, IIa and V

催化剂	序号	催化剂/CHO/摩尔比	CHO 浓度/(mol・L^{-1})	催化剂浓度/(mmol・L^{-1})	反应速率/abs. × 105/min
Ia	1	1/2000	2.87	1.44	180.1
	2	1/1000	2.87	2.87	350.8
	3	1/667	2.87	4.30	550.0
	4	1/500	2.87	5.74	780.3
	5	1/400	2.87	7.18	960.2
IIa	6	1/800	4.48	5.60	2.7
	7	1/400	4.48	11.20	7.2
	8	1/200	4.48	22.40	22.4
	9	1/133	4.48	33.68	37.1
	10	1/100	4.48	44.80	60.3
V	11	1/1000	4.15	4.15	13.9
	12	1/700	4.15	6.16	22.6
	13	1/500	4.15	8.30	35.0
	14	1/250	4.15	16.60	99.4
	15	1/125	4.15	33.20	269.7

注:(1) 反应条件:反应温度为 25 ℃, 2.0 MPa CO_2压力,甲苯为溶剂

(2)反应速率是吸光度 VS 时间曲线的线性部分斜率

根据反应级数的定义，将催化剂浓度和反应速率取对数，以$Ln_{[cat]}$为横坐标，$Ln_{[Rate]}$为纵坐标作图，所得到的直线的斜率就是反应速率对此催化剂的反应级数（图 6.2.1）。可以看出，反应速率对双金属钴配合物 **Ia** 呈现一级动力学反应特征，说明基于联苯的双金属钴催化剂主要通过双金属协同作用完成链增长。由于催化剂存在两个金属钴中心，与一个金属钴中心连接的聚碳酸酯链端进攻另一个金属钴活化环氧烷烃完成链增长，即一个催化剂分子增长一条聚合物链，那么反应速率对催化剂的浓度就会呈现一级动力学反应特征。而反应速率对柔性酯链连接的双金属钴配合物 **V** 和单金属钴配合物 **IIa** 都呈现了 1.5 级左右的动力学反应特征，说明此催化剂在催化 CO_2/CHO 共聚过程中，除了通过分子内的相互作用增长聚合物链外，还会伴有分子间的相互作用。

为了更好地说明此问题，研究了此类配合物催化 CO_2/CHO 共聚过程中的非线性效应。在不对称催化领域，如果催化剂（或者配体）的 *ee* 值与产物的 *ee* 值之间不是完美的线性关系，把这种偏离线性关系的现象叫非线性效应。一般认为，如果催化反应存在非线性效应，多是由于不同构型的配体或者催化剂之间存在相互作用导致。应用不同 *ee* 值的钴配合物催化 CO_2/CHO 去对称共聚反应，将得到的聚碳酸酯降解为反式二醇，测试其对映体过量值。图 6.2.2 表述了不同 *ee* 值的催化剂与聚碳酸酯 *ee* 值之间的关系，对于基于联苯的催化剂 **Ia**，由于不存在催化剂分子间的相互作用，环氧烷烃的开环过程是通过分子内的双金属协同作用完成，故不

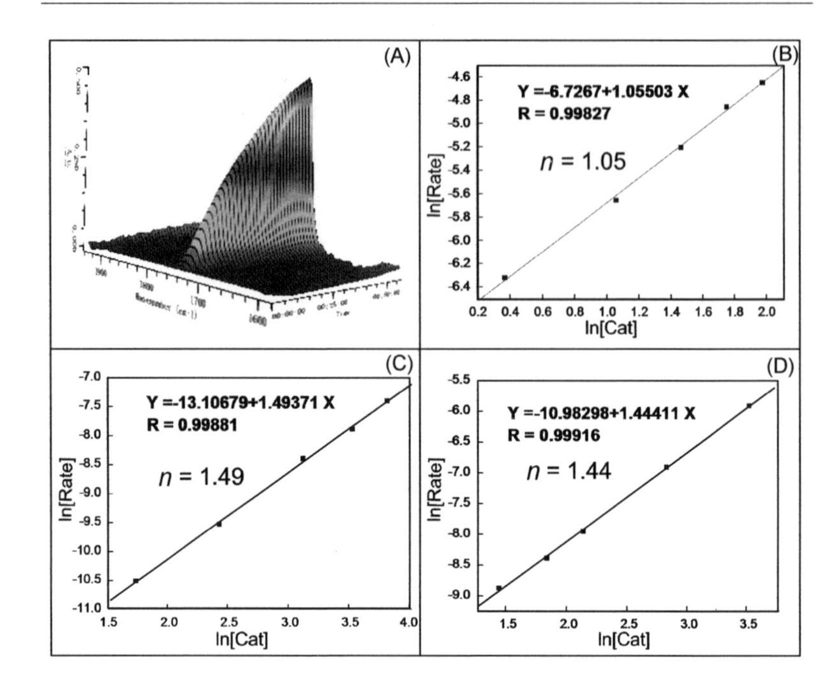

图 6.2.1 (A)CO_2/CHO 共聚反应中每 1 min 采集一次红外信号组成的三维图；(B)双金属配合物 **Ia**;(C)单金属配合物 **IIa**;(D)双金属配合物 **V** 的反应速率一催化剂浓度的对数曲线

Fig. 6.2.1 (A) Three-dimensional stack plot of the IR spectrum collected every 1 min during the reaction of CO_2/CHO copolymerization, logarithmic plots of initial rate versus catalyst concentration, (B) dinuclear complex **Ia**, (C) mononuclear complex **IIa**, (D) dinuclear complex **V**

存在不对称放大或抑制的作用。但是，对于单金属钴催化剂 **IIa**，则存在明显的不对称抑制现象，这是由于存在于分子间的双金属过程会促进不同构型催化剂之间的相互作用，由于(*S*,*S*)-**IIa** 更加倾向活化 CHO (*S*)-构型的碳原子，完成第一步开环，并插入 CO_2 之后，与(*S*,*S*)-**IIa** 相连接的(*R*,*R*)-碳酸酯单元链端更加倾向进攻

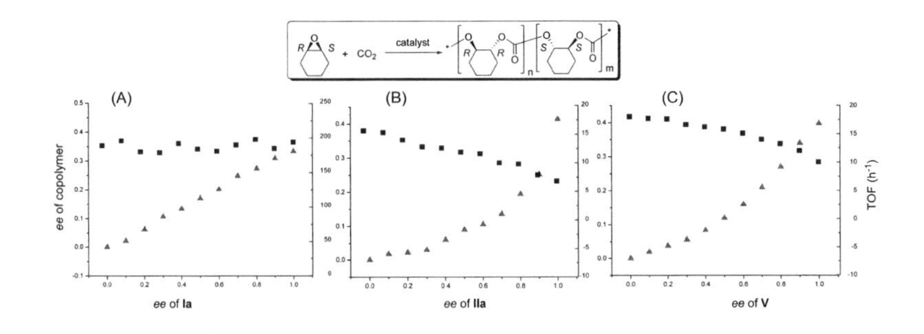

图 6.2.2　**Ia**(A),**IIa**(B),**V**(C)催化的 CO_2/CHO 共聚的非线性效应

Fig. 6.2.2　Unlinear effect in the CO_2/CHO copolymerization catalyzed by **Ia** (A), **IIa** (B), **V** (C)

(*R*,*R*)-**IIa** 活化的 CHO (*R*)-构型的手性碳,导致形成间同结构过量的二聚碳酸酯单元,故存在不对称抑制的作用。此外,随着催化剂 **IIa** 的 *ee* 值逐渐降低,共聚反应活性 TOF 是逐渐提高的,这说明,与(*S*,*S*)-**IIa** 相连接的(*R*,*R*)-碳酸酯单元链端进攻(*R*,*R*)-**IIa** 活化 CHO(*R*)-构型碳原子的活性是高于进攻(*S*,*S*)-**IIa** 活化 CHO(*S*)-构型碳原子的活性,即:共聚反应更加倾向形成间同的结构(图 6.2.3)[118,160]。与配合物 **IIa** 相类似,双金属配合物 **V** 同样存在不对称抑制的作用,但是其效果要弱于 **IIa**,这也说明 **V** 在催化 CO_2/CHO 共聚过程中,作用于分子间的双金属过程会与作用于分子内的双金属过程竞争,但是,基于柔性酯链的双金属催化剂在本质上是与单金属催化剂 **IIa** 是类似的,这与动力学实验结果一致(图 6.2.4)[121]。

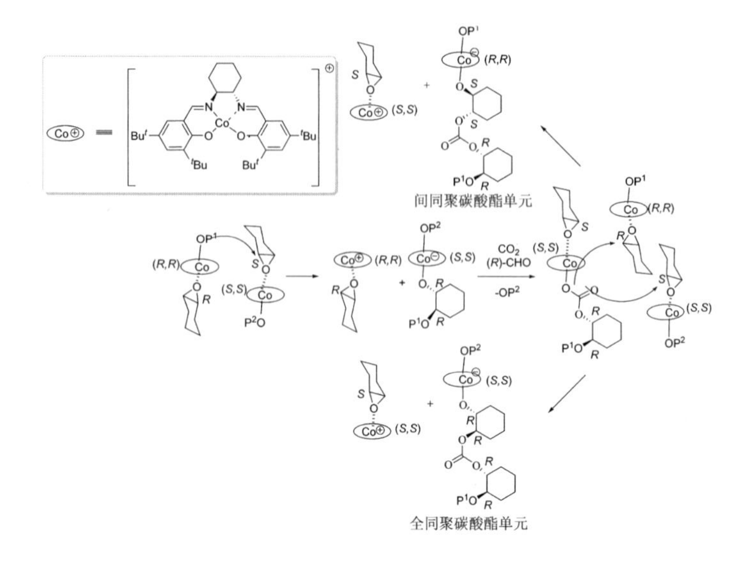

图 6.2.3　单金属催化剂 **IIa** 催化 CO_2/CHO 共聚反应机理

Fig. 6.2.3　Mechanism of CO_2/CHO copolymerization catalyzed by **IIa**

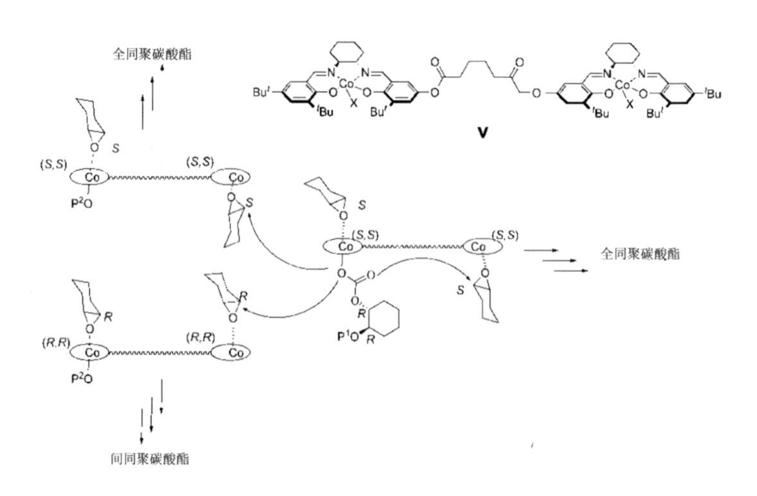

图 6.2.4　双金属催化剂 **V** 催化 CO_2/CHO 共聚反应机理

Fig. 6.2.4 Mechanism of CO_2/CHO copolymerization catalyzed by **V**

6.2.2 共聚反应的链增长模型

由于三价钴配合物很容易发生价态变化,作者没有分离到其单晶结构。鉴于铝和钴都是三价金属,其性质具有一定的相似性,以 THF/苯/己烷为混合溶剂,成功分离出三价铝配合物的晶体结构(图 6.2.5)。虽然联苯二醛是非手性的,但是在此铝配合物的晶体结构中,由于两个 Salen 平面很难自由转动导致的双金属铝配合物的联苯衍生出新的手性轴,故存在两种非对映异构体,分别是(R,R,R,R,R)-SalenAl^{III}Cl 和(R,R,S,R,R)-SalenAl^{III}Cl,这两种非对映异构体在结构参数上略有差异,其中(R,R,R,R,R)-SalenAl^{III}Cl 的配合物的内二面角和 Al 与 Al 的距离分别是 134.9°和 7.89 Å,但是,(R,R,S,R,R)-SalenAl^{III}Cl 配合物的内二面角和 Al 与 Al 的距离分别是 114.9°和 7.67 Å,这说明,(R,R,R,R,R)—SalenAl^{III}Cl 具有相对大的金属一金属之间距离,此不同的非对映异构体在结构上的差异会导致它们共聚过程中具有不一样的活性和立体选择性。此结构与 Coates 教授报道的基于联萘的双金属钴配合物的单晶结构相类似,其(S,S,R,S,S)和(S,S,S,S,S)-的异构体的金属-金属距离和内二面角分别是 6.45 Å,79°和6.94 Å,90°,后者具有更大的金属-金属距离和内二面角[161]。通过对晶体结构的分析发现,此铝配合物是五配位的形式,轴向基团氯原子朝外生长,与联苯相连的两个 Salen 并不在同一个平面上,而是有一定程度的扭曲,恰恰是这样一个扭曲的结构将空间分成两部分,将其定义为腔内和腔外。由于腔内受到手性环己二胺、3-位取代基、联苯的包围，其空间环境相对拥挤，影响环氧烷烃的接近取向，有利于不对称诱导，此外，该双金属钴配合物催化的 CO_2/CHO 的动力学实验也支持了双金属协同作用的存在，所以，提出在腔内的反应是通过双金属协同作用完成，而在腔外进行的共聚反应正好相反，通过单金属作用完成。链增长模型如图 6.2.6 所示。

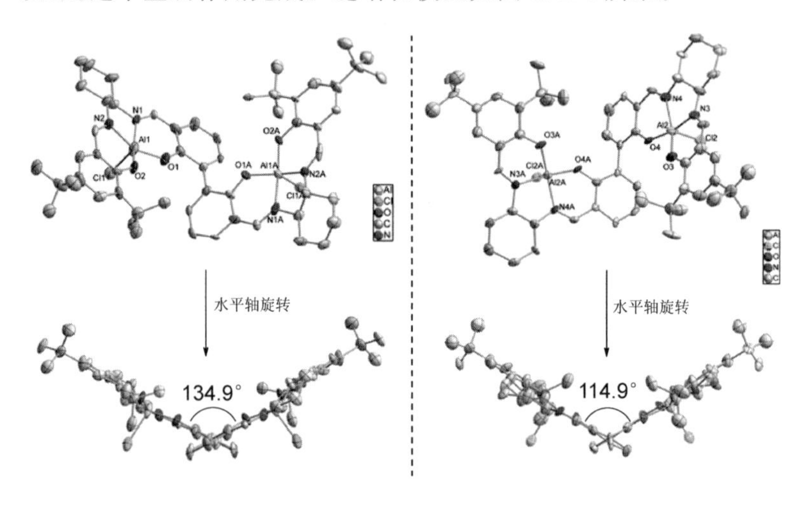

(R,R,R,R,R)-SalenAl^{III}Cl，Al-Al 的距离是 7.89 Å，内二面角为 134.9°；(R,R,S,R,R)-SalenAl^{III}Cl，Al-Al 的距离是 7.67 Å，内二面角为 114.9°

图 6.2.5　双金属铝配合物的单晶结构

Fig. 6.2.5　Molecular structure of dinuclear SalenAl^{III}Cl

6.2.3　离子型助剂在共聚反应中的作用

基于图 6.2.6 所示的链增长模型和动力学实验，在不加入助剂的条件下，反应是通过双金属协同作用完成，但是，当体系中加入离子型助剂时，反应的机理是怎样的？对于单金属钴配合物催

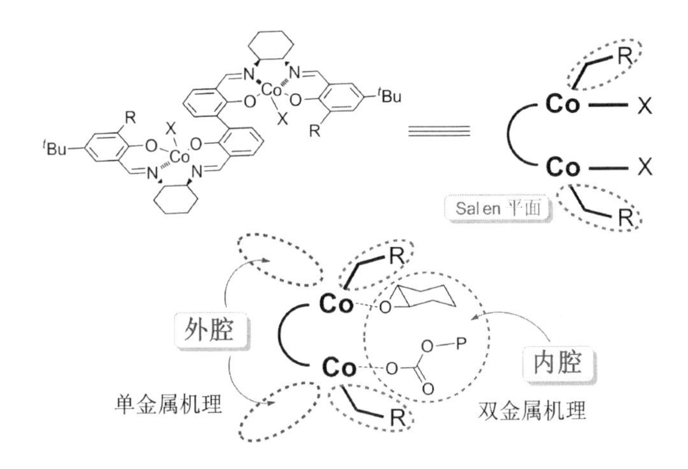

图 6.2.6　链增长模型

Fig. 6.2.6　Model of chain propagation

化的环氧烷烃与 CO_2 的共聚反应，助催化剂阴离子会起到引发聚合反应的作用，所以，在同样的转化率条件下，过多的助催化剂会导致聚合物的分子量降低。为了能够更加详细地说明助催化剂在双金属和单金属催化体系中的作用，分别对此进行了相关的动力学研究(表 6.2.3)。首先，研究了双组分催化体系催化 CO_2/CHO 的动力学实验，反应以甲苯为溶剂，保持 CHO 的浓度为 5.17 mol/L，催化剂 **Ia** 或者 **IIa** 与助催化剂 PPNX(X ＝ 2,4－二硝基苯酚根负离子)的摩尔比为 1/1，通过观测聚碳酸酯特征吸收波数 1751 cm^{-1} 的吸收强度随时间的变化来确定在这一条件下聚合反应的速率。不同的催化剂浓度和反应速率总结在表 6.2.3 中。研究发现，对双组分催化体系 **IIa**/PPNX，当催化剂的浓度从 10.34 mmol/L 降低到 3.45 mmol/L 时，催化活性从 9.75×10^{-3}abs/min 降到 1.92 $\times10^{-3}$abs/min，也就是当催化剂的浓度降低 3 倍时，聚合反应的活性却降低接近 5 倍(表 6.2.3，序号 4 和 7)。这说明聚合反应的活性与催化剂的浓度之间不是一种线性变化的关系。与之相反，对双金属催化体系 **Ia**/PPNX，当催化剂的浓度由 3.34 mmol/L 降低为 1.67 mmol/L 时，聚合反应的速度由 14.62×10^{-3} abs/min 变为 7.14×10^{-3}abs/min，聚合反应的活性正好也降低了 1 倍左右(表 6.2.3，序号 1 和 3)，这说明，对于双金属钴催化体系，其浓度变化与聚合反应速率的变化之间呈线性关系。

表 6.2.3　配合物 Ia/PPNX 和 IIaPPNX 共催化 CO_2/CHO 共聚的原位红外实验数据

Tab. 6.2.3　Summary of the *in situ* IR experiments of CO_2/CHO copolymerization catalyzed by Ia/PPNX and IIa/PPNX

催化剂	序号	催化剂/PPNX/环氧烷烃/摩尔比	CHO 浓度 /mol·L^{-1}	催化剂浓度 /mmol·L^{-1}	反应速率 /abs×103/min
Ia	1	1/1/500	1.67	3.34	14.52
	2	1/1/667	1.67	2.50	11.02
	3	1/1/1000	1.67	1.67	7.14
IIa	4	1/1/500	5.17	10.34	9.75
	5	1/1/750	5.17	6.89	5.28
	6	1/1/1000	5.17	5.17	3.54
	7	1/1/1500	5.17	3.45	1.92

注：(1) 反应条件：反应温度为 25 ℃，2.0 MPa CO_2压力，甲苯为溶剂。

(2) X 是 2,4－二硝基苯酚根负离子。

(3)反应速率是吸光度 VS 时间曲线的线性部分斜率。

根据反应级数的定义，将催化剂浓度和该浓度下的反应速率取对数，以 $Ln_{[cat]}$ 为横坐标，$Ln_{[Rate]}$ 为纵坐标作图，所得到的直线的斜率就是反应速率对此催化剂的反应级数(图 6.2.7 和 6.2.8)。对于单金属配合物 **IIa** 和助剂 PPNX(X 是 2,4－二硝基苯酚根负离子)组成的双组分催化体系，由于配合物上不存在吸引阴离子的季铵盐阳离子，导致亲核性的季铵盐阳离子或者从钴中心解离下来的聚碳酸酯链端都会远离金属钴中心，并且此链端需要通过不在同一分子内的助剂 PPNX 的阳离子稳定，导致其进攻金属钴活化的环氧烷烃是双分子反应的过程。聚合反应速率由链增长端和钴中心活化环氧烷烃的浓度共同决定，而二者分别等同于助催化剂 PPNX 和配合物 **IIa** 的浓度，因此，反应速率对单金属钴配合物的反应级数应该为 2，但实验结果却是 1.47，这主要是因为部分三价钴配合物在聚合过程中会被还原为没有催化活性的二价钴，并且体系中存在的水也会影响反应级数。既然，解离下来的聚碳酸酯链端进攻钴活化的环氧烷烃是分子间的反应过程，那么，该反应势必会存在浓度效应，尤其当催化剂在被高度稀释的条件下，此开环过程会得到明显的抑制。而对于配合物 **Ia**/PPNX 组成的双金属催化体系，呈现一级动力学反应特征，说明基于联苯的双金属钴催化剂主要通过双金属协同作用完成链增长，通过一个金属钴稳定的聚碳酸酯链端进攻另一个金属钴活化的环氧烷烃。此动力学实验结果也说明，即使在加入助剂的条件下，双金属钴配合物催化的环氧烷烃与 CO_2 的共聚反应也是通过分子内双金属协同作用完成，不存在分子间的作用，但是，单金属的钴配合物就会存在分子间的作用[162]。此外，即使双金属钴催化体系的催化剂浓度（1.67～3.34 VS 3.45～10.34 mmol/L）和 CHO 的浓度（1.67 VS 5.17 mol/L）都要远远低于单金属催化剂，但其反应速率却高于单金属催化体系，这也说明，双金属催化体系具有更高的催化活性。

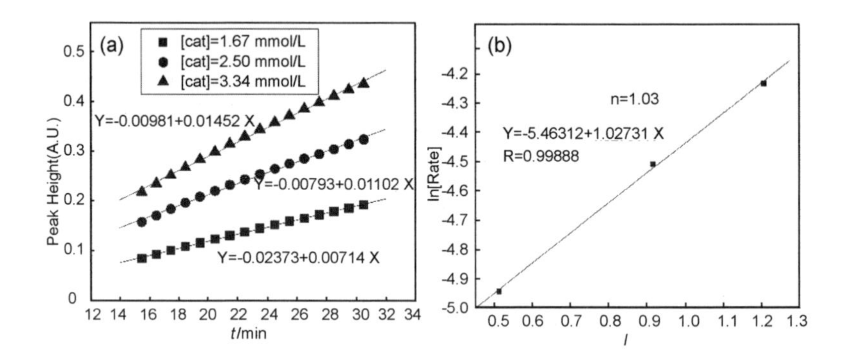

图 6.2.7 （A）时间 VS 吸收强度（1751 cm^{-1}）的二维图，从下至上代表 **Ia** 的浓度是 1.67 mmol/L，2.50 mmol/L 和 3.34 mmol/L；（B）反应速率—催化剂 **Ia** 浓度的对数曲线

Fig. 6.2.7 (A) Time profile of the absorbance at 1751 cm^{-1} with different [**Ia**]$_0$, the three lines (bottom to top) are from experiments with three concentrations of **Ia**. 1.67 mmol/L, 2.50 mmol/L and 3.34 mmol/L, respectively. (B) Logarithmic plots of initial rate versus catalyst **Ia** concentration

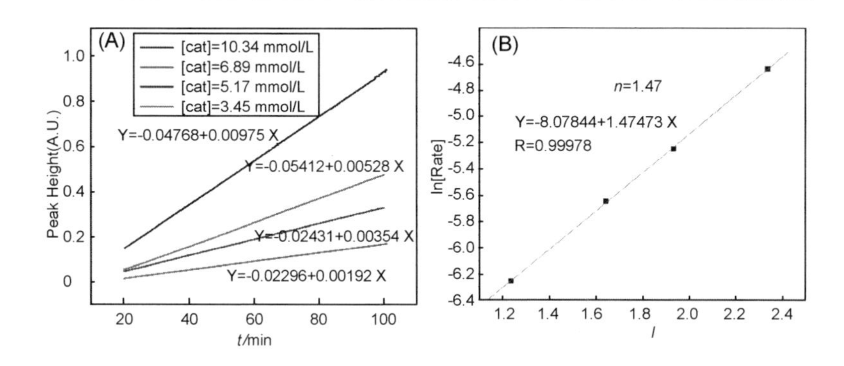

图 6.2.8 (A)时间 VS 吸收强度(1751 cm^{-1})的二维图,从下至上代表 **IIa** 的浓度是 3.45 mmol/L,5.17 mmol/L,6.89 mmol/L 和 10.34 mmol/L;(B)反应速率一催化剂 **IIa** 浓度的对数曲线

Fig. 6.2.8 (A) Time profile of the absorbance at 1751 cm^{-1} with different $[\mathbf{IIa}]_0$, the four lines (bottom to top) are from experiments with four concentrations of **IIa**, 3.45 mmol/L, 5.17 mmol/L, 6.89 mmol/L and 10.34 mmol/L, respectively. (B) Logarithmic plots of initial rate versus catalyst **IIa** concentration

对于单金属钴配合物催化的 CO_2 与环氧烷烃的交替共聚反应,离子型助剂的不仅起到引发聚合反应的作用,还会在一定程度上稳定 Co(Ⅲ),所以,聚合反应活性或每个催化剂分子增长的聚合物链数与助催化剂的量存在线性关系[110]。对于双金属钴配合物催化的 CO_2/CHO 共聚反应,离子型助剂会显著提高反应的活性和立体选择性(表 6.2.4),作者对离子型助剂的作用进行了探索。研究表明,在保持 CHO 的转化率基本一致的前提下,加入 1~5 倍的 PPNX(X 是 2,4－二硝基苯酚根负离子),得到聚合物的分子量基本保持不变,并且反应的活性和立体选择性与助剂负离子的加

入量关系不大(表 6.2.4，序号 2～5)，这说明加入的助剂的负离子并没有完全引发聚合反应。值得注意的是，加入负离子没有亲核性的离子型助剂 $PPNPF_6$，发现其得到的聚合物分子量和 *ee* 值基本与 PPNX 相近(表 6.2.4，序号 6)，此外，选用轴向基团是没有亲核性的四氟硼根负离子的催化剂 **If**，当[(*S*, *S*, *S*, *S*) − **If**]/[PPNX]/[CHO] = 1/1/1000，共聚反应仍旧可以进行，并且得到的聚碳酸酯的 *ee* 值为 45%(表 6.2.4，序号 7)。

表 6.2.4　离子型助剂对 CO_2/CHO 共聚反应立体选择性的影响

Tab. 6.2.4　Effects of ionic cocatalyst on the enantioselectivity of CO_2/CHO copolymerization

序号	催化剂	助催化剂	催化剂/助催化剂/摩尔比	反应时间/h	转化率/%	分子量/(kg·mol^{-1})	分子量分布	对映选择性/%
1	(*S*,*S*,*S*,*S*)−**Ia**	—	1/—	2.00	38.8	20.5	1.25	33 (*S*,*S*)
2	(*S*,*S*,*S*,*S*)−**Ia**	PPNX	1/1	0.33	38.9	16.7	1.20	46 (*S*,*S*)
3	(*S*,*S*,*S*,*S*)−**Ia**	PPNX	1/1	0.42	41.9	18.2	1.14	46 (*S*,*S*)
4	(*S*,*S*,*S*,*S*)−**Ia**	PPNX	1/2	0.33	42.0	18.7	1.17	47 (*S*,*S*)
5	(*S*,*S*,*S*,*S*)−**Ia**	PPNX	1/5	0.33	37.3	15.8	1.18	46 (*S*,*S*)
6	(*S*,*S*,*S*,*S*)−**Ia**	$PPNPF_6$	1/2	0.33	23.9	10.6	1.21	46 (*S*,*S*)
7	(*S*,*S*,*S*,*S*)−**If**	PPNX	1/1	0.33	16.8	8.9	1.16	45 (*S*,*S*)
8	(*S*,*S*,*S*,*S*)−**Ia**	PPNOAc	1/2	0.50	41.0	16.5	1.24	46 (*S*,*S*)
9	(*S*,*S*,*S*,*S*)−**Ia**	PPNF	1/2	0.50	32.6	11.7	1.22	48 (*S*,*S*)
10	(*S*,*S*,*S*,*S*)−**Ia**	PPNCl	1/2	0.50	31.4	11.0	1.20	46 (*S*,*S*)
11	(*S*,*S*,*S*,*S*)−**Ia**	PPNX	1/2	1.00	>99	59.0	1.20	71 (*S*,*S*)
12	(*S*,*S*,*S*,*S*)−**Ib**	PPNX	1/2	1.00	>99	56.9	1.18	90 (*S*,*S*)
13	(*S*,*S*,*S*,*S*)−**Ic**	PPNX	1/2	1.00	>99	58.3	1.23	92 (*S*,*S*)
14	(*S*,*S*,*S*,*S*)−**Ic**	PPNX	1/2	6.00	>99	58.2	1.21	98 (*S*,*S*)

注:(1) [(*S*,*S*,*S*,*S*)-**Ia**]/[CHO] = 1/1000，反应温度为 25 ℃，CO_2压力为 2.0 MPa，X 是 2,4−二硝基苯酚根负离子。

(2) 序号 11～13，甲苯为溶剂，甲苯/环氧烷烃 = 2/1(体积比)。

(3) 序号 14，甲苯为溶剂，甲苯/环氧烷烃 = 2/1(体积比)，反应温度为 0 ℃。

为了进一步验证多余的助剂负离子未参与引发反应，作者进行了以下实验。以甲苯为溶剂，[(*S*, *S*, *S*, *S*)-**Ia**]/[PPNX]/[CHO] = 1/2/1000，反应 0.5 h之后，取样进行 GPC 测试，分子量为 32600 g/mol，继续加入 PPNX(3 倍量于 (*S*,*S*,*S*,*S*)-**IIa**)，反应 1.5 h，测试聚合物的分子量为 62700 g/mol，并且分子量分布没有变宽。在同样条件下，当[(*S*,*S*,*S*,*S*)-**Ia**]/[PPNX]/[CHO] = 1/2/1000，共聚反应进行 2.0 h，得到的聚碳酸酯的分子量为 63100 g/mol，这说明，多余的 PPNX 并没有继续引发聚合反应，这与之前的对比催化实验结果相一致(图 6.2.9)。基于上述实验结果，CO_2与 CHO 的共聚反应是来源于催化剂或者助剂的一分子负离子引发，而链增长是通过腔内的双金属协同作用完成，当然，不能完全排除发生于腔外的单金属链引发和链增长，但是速率要远远低于腔内的双金属协同过程。

应用不同的离子型助剂催化 CO_2/CHO 的交替共聚反应，研究发现，将 2,4－二硝基苯酚根负离子更换为 OAc^-，F^-，Cl^-，对聚合反应的活性和立体选择性没有明显影响(表 6.2.4，序号 8～10)。基于此双金属 **Ia**/PPNX 和单金属 **IIa**/PPNX 催化 CO_2/CHO 共聚反应的动力学实验研究，腔内的反应是分子内的双金属协同机理，但是腔外的单金属机理是分子间的反应，那么势必会存在浓度效应，而腔内的双金属机理是分子内反应，不受浓度影响，所以，加入溶剂会抑制腔外的单金属过程，有利于提高反应的立体选择性。例如，(*S*,*S*,*S*,*S*)-**Ia**/PPNX 催化的 CO_2/CHO 的本体共

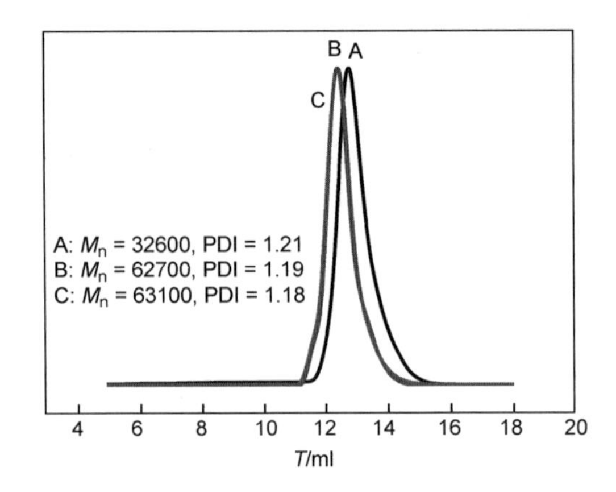

图 6.2.9　A：25 ℃，2.0 MPa CO_2压力，[(*S*,*S*,*S*,*S*)－**Ia**]/[PPNX]/[CHO] = 1/2/1000(摩尔比)，CHO/甲苯 = 1：4(体积比)，反应 0.5 h；B：在体系 A 中加入 PPNX(3 倍量于(*S*,*S*,*S*,*S*)－**Ia**)继续反应 1.5 h；C：体系 A 直接反应 2.0 h 所得到的聚碳酸酯的 GPC 曲线(X 是 2,4-二硝基苯酚根负离子)

Fig. 6.2.9　GPC traces of CO_2/CHO copolymers obtained at various conditions. (A) The reaction was carried out with [(*S*, *S*, *S*, *S*) － **Ia**]/[PPNX]/[CHO] = 1/2/1000 (molar ratio) at 25 ℃ and 2.0 MPa CO_2 pressure, CHO/toluene = 1/4 (volume ratio) for 0.5 hour, and (B) then excess 3 equivalents of PPNX was added into the (A) system and further reacted 1.5 hours. (C) The reaction was carried out in the presence of 2 equivalents of PPNX at the same conditions for 2 hours (X is 2,4-dinitrophenoxide)

聚反应，反应的 *ee* 值仅为 46%，但是，加入甲苯为反应溶剂，反应 1 h 可以实现 CHO 的完全转化，虽然活性有所降低，但是聚合物的 *ee* 值从 46%提高到 71%(表 6.2.4，序号 11)。应用 3-位取代基是甲基的(*S*,*S*,*S*,*S*)-**Ib** 或者是氢的(*S*,*S*,*S*,*S*)-**Ic**，在加入甲苯的条件下，反应温度为 25 ℃，得到的聚碳酸环己烯酯的 *ee* 值分别是 90%和 92%(表 6.2.4，序号 12 和 13)。降低反应温度到0 ℃，应用(*S*,*S*,*S*,*S*)－**Ic**，制备出 *ee* 值高达 98%的聚碳酸酯(表 6.2.4，序号 14)。

6.2.4 共聚反应的立体选择性方向和取代基效应

对于双金属配合物 **Ia-Id** 催化的 CO_2/CHO 去对称共聚反应，尤其是在催化剂浓度高的条件下，不能排除发生在腔外的单金属机理。但是，从 **Ia**、**IIa** 和 **V** 的动力学实验数据可以清晰地看出，发生于腔内的双金属协同速率要明显高于腔外的单金属速率。

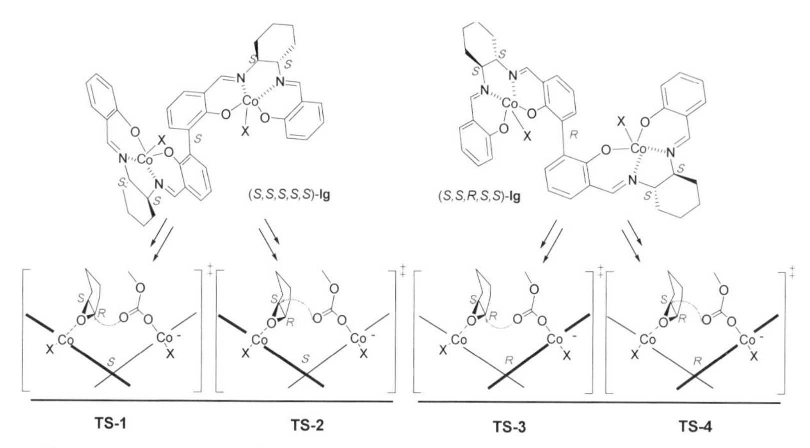

图 6.2.10 双金属钴配合物 **Ig** 催化 CHO 与 CO_2去对称共聚，可能的构型与过渡态

Fig. 6.2.10 Desymmetrization copolymerization of CO_2 with CHO catalyzed by dinuclear cobalt complex **Ig**, possible conformers and transition states

基于联萘的双金属钴配合物在催化端位环氧烷烃均聚反应中具有高的反应活性和立体选择性，联萘的轴手性对反应的立体选择性方向具有至关重要的作用[125-127]，构型为(S,S,R,S,S)的活性和立体选择性要略优于(R,R,R,R,R)-催化剂，而环己二胺骨架的手性则并没有轴手性重要，此实验现象已经得到的计算化学的支持[161]。与手性联萘不同，由于联苯可以自由旋转，其并不带有轴手性，但是，经过金属化形成了双金属钴配合物，由于两侧的 Salen

和轴向基团的限制,会导致联苯无法自由旋转,于是就会衍生出一个新的手性轴。例如,对基于联苯的双金属钴配合物(S,S,S,S)-**Ib**,实际上会存在两种非对映异构体,(S,S,S,S,S)-**Ib** 和(S,S,R,S,S)-**Ib**,此两种异构体由于结构相似,很难实现物理分离,但是其在催化内消旋环氧烷烃与 CO_2 去对称共聚的活性和立体选择性有很大差异,此策略称为“不对称活化”, 在不对称催化领域具有广泛的应用[163-167],尤其是非手性联苯二酚在与手性物质和金属进行配位时,会转化为高活性、高立体选择性的手性催化剂[168,169]。为了进一步探索这两种非对映异构体在催化反应过程中的差异,尤其是立体选择性方向和取代基效应等问题,应用密度泛函理论进行了计算化学研究。

为了简化计算,应用 3-位和 5-位取代基是氢的双金属钴催化剂(S,S,S,S)-**Ig** 为模式化合物,环氧环己烷为模式底物,2,4－二硝基苯酚根负离子在钴配合物外侧配位,为了更好的模拟开环过程,选取了甲基碳酸根负离子作为聚合物链端。因为基于联苯的双金属催化剂在与金属配位的过程中会衍生一个新的手性轴,存在两个非对映异构体(S,S,S,S,S)-**Ig** 和(S,S,R,S,S)-**Ig**,而环氧环己烷存在(R)和(S)两个构型碳原子,故其开环过程存在四个过渡态(图 6.2.10),分别优化了此四个过渡态的能量(图 6.2.11)。计算结果表明,(S,S,R,S,S)-**Ig** 活化 CHO 的开环过程的活化能(TS-3 和 TS-4)明显要高于(S,S,S,S,S)-**Ig** 活化 CHO 开环的活化能(TS-1 和 TS-2)。并且,(S,S,S,S,S)-**Ig** 活化 CHO 的(R)－

构型碳原子的开环过程活化能最低，所以，得到(*S*,*S*)－过量的聚碳酸酯在动力学上是最有利的。此计算结果与催化实验数据一致，这说明，(*S*,*S*)－的二胺衍生的联苯(*S*)－构型的轴对环氧烷烃与CO_2共聚反应的立体选择性是有利的，这与基于联萘的双金属钴配合物 **IV** 催化端位环氧烷烃的均聚反应正好相反。此计算结果也表明，对于环氧烷烃与CO_2的共聚反应，二胺的手性和轴手性对立体选择性都很重要。

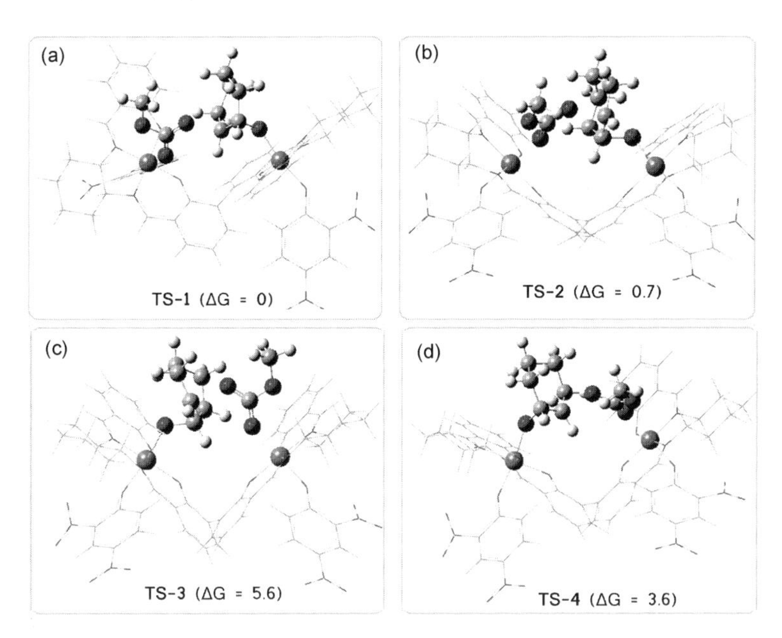

(a) TS-1：(*S*,*S*,*S*,*S*,*S*)-**Ig** 活化的、CHO 在(*R*)-构型碳开环；b) TS-2：(*S*,*S*,*S*,*S*,*S*)- **Ig** 活化的、CHO 在(*S*)-构型碳开环；c) TS-3：(*S*,*S*,*R*,*S*,*S*)- **Ig** 活化的、CHO 在(*R*)-构型碳开环；d) TS-4：(*S*,*S*,*R*,*S*,*S*)- **Ig** 活化的、CHO 在(*S*)-构型碳开环。能量单位是 kcal/mol

图 6.2.11 碳酸酯单元对环氧环己烷开环的四个可能过渡态

Fig. 6.2.11 Four possible transition states for the ring opening of a CHO molecule by an adjacent cobalt bound carbonate group.

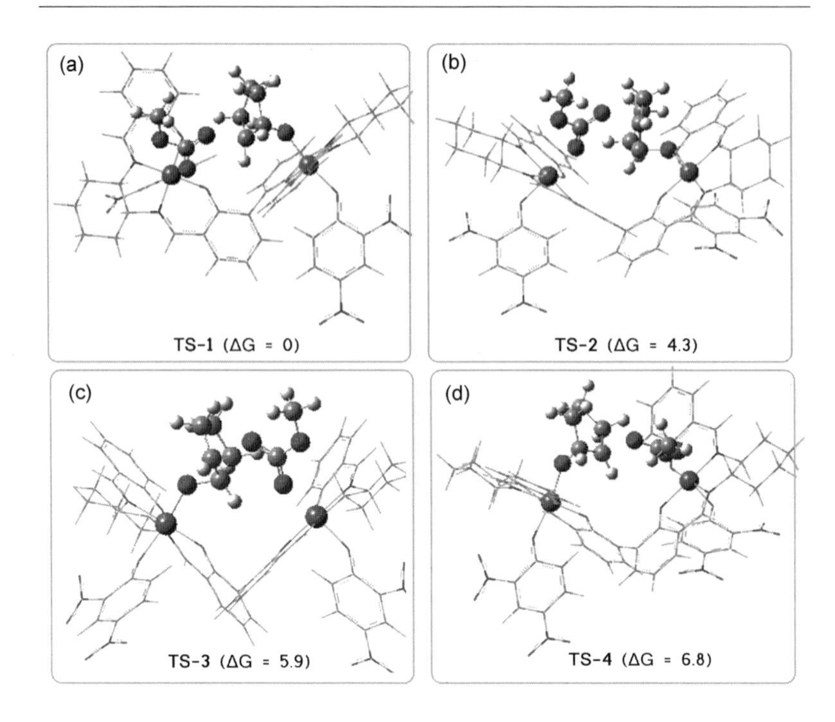

(a)TS-1：(*S*,*S*,*S*,*S*,*S*)-**Ig** 活化的、CPO 在(*R*)-构型碳开环；b)TS-2：(*S*,*S*,*S*,*S*,*S*)-**Ig** 活化的、CPO 在(*S*)-构型碳开环；c)TS-3：(*S*,*S*,*R*,*S*,*S*)-**Ig** 活化的、CPO 在(*R*)-构型碳开环；d)TS-4：(*S*,*S*,*R*,*S*,*S*)-**Ig** 活化的、CPO 在(*S*)-构型碳开环。能量单位是 kcal/mol

图 6.2.12　碳酸酯单元对环氧环戊烷开环的四个可能过渡态

Fig. 6.2.12　Four possible transition states for the ring opening of a CPO molecule by an adjacent cobalt bound carbonate group

作者同样模拟了双金属配合物 **Ig** 对环氧环戊烷开环的四个可能过渡态，同样发现，(*S*,*S*,*S*,*S*,*S*)-**Ig** 活化 CPO 的(*R*)一构型碳原子的开环过程活化能最低。但是，与 CO_2/CHO 不同的是，相对于(*S*,*S*,*S*,*S*,*S*)-**Ig** 活化 CHO(*S*)-构型碳原子与(*R*)-碳原子活化能的能量差仅为 0.7 kcal/mol(TS-1 与 TS-2 的能量差)，CPO 开环的这两个过渡态的能量差高达 4.3 kcal/mol，这也间接说明，在同样条件下，双金属钴配合物催化的CO_2/CPO共聚合的立体选择性要高于CO_2/CHO共聚合，这与实验结果是一致的(图6.2.12)。

为了说明取代基对反应立体选择性的影响，优化了3-位分别是叔丁基、甲基和金刚烷基，轴向基团是氯的催化剂，选取氯原子的取向为一个在腔内，另一个在腔外。从优化的结果可以清晰的看出，3一位的取代基更加倾向朝腔内生长，如果其位阻过大，就会导致腔内的环境过于拥挤，链增长相对困难(图6.2.13)。这也说明，双金属钴与单金属钴配合物有显著的不同，3一位的取代基的腔内朝向会增加腔内的拥挤环境，导致链增长过程不得不到迁移到腔外发生，从而导致反应的立体选择性下降。

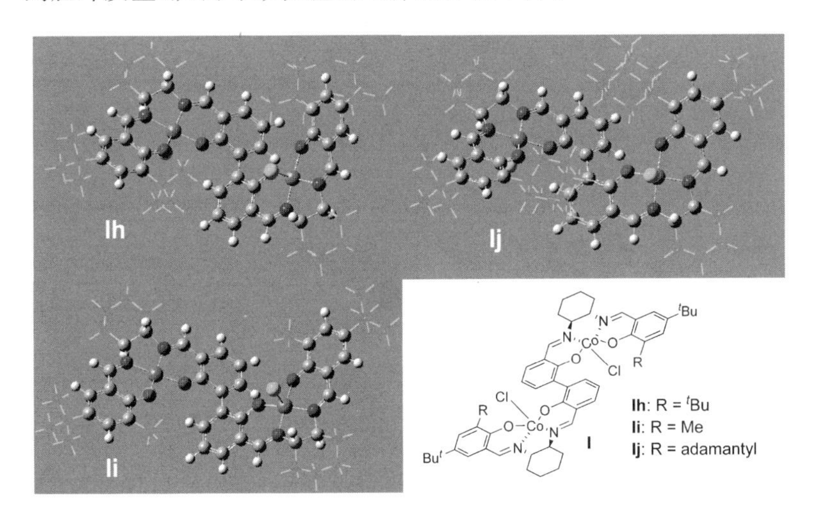

图6.2.13　双金属钴配合物**Ih-Ij**的优化构型

Fig. 6.2.13　Optimized structures of dinuclear cobalt complexes **Ih-Ij**

6.2.5 有机碱助剂对单金属和双金属机理的调控

从链增长模型和计算化学结果可以看出，链增长过程在腔内腔外的不均一性是导致共聚反应存在差异的主要原因，为了更好地证明此不均一性，研究了有机碱对此双金属催化剂的配位情况。在环氧烷烃与 CO_2 不对称交替共聚领域，可作为有机碱的助催化剂主要有两类，一是配位型助剂，如 4-二甲氨基吡啶（DMAP）、*N*-甲基咪唑（*N*-Melm）等，二是位阻型助剂，如 7-甲基-1，5，7-三氮杂二环[4.4.0]癸-5-烯（MTBD）等。有机碱助剂可以与金属配位，会通过反位作用来促进环氧烷烃的开环，同时也会抑制环氧烷烃的活化，通过 ESI-MS，吕小兵教授课题组首次证实了位阻型助剂 MTBD 还可以起到引发聚合反应的作用[105]。

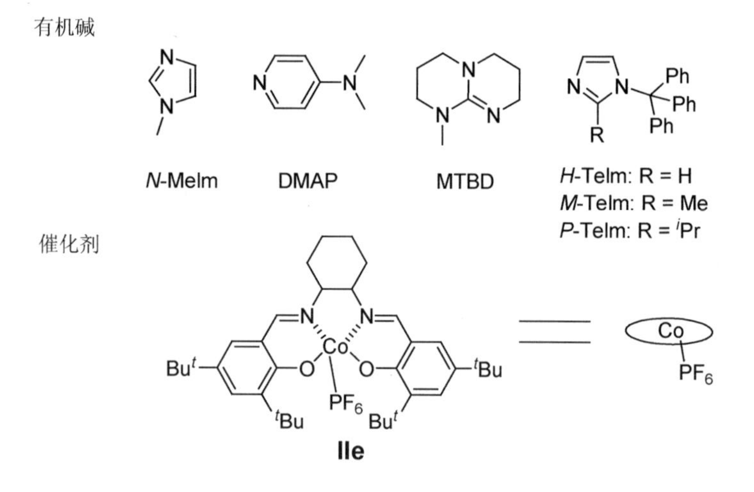

图 6.2.14 用于 CO_2/CHO 共聚的有机碱和模式配合物

Fig. 6.2.14 Organic base and model catalyst for CO_2/CHO copolymerization

表 6.2.5 有机碱助剂对 CO_2/CHO 共聚反应立体选择性的影响

Tab. 6.2.5 Effects of organic base cocatalyst on the enantioselectivity of CO_2/CHO copolymerization

序号	助催化剂	(S,S,S,S)－Ia/助催化剂/CHO(摩尔比)	反应时间/h	转化频率/h^{-1}	分子量/($kg\cdot mol^{-1}$)	分子量分布	对映选择性/%
1	—	1/—/1000	2	194	20.5	1.25	33 (*S*,*S*)
2	*N*-Melm	1/2/1000	4	46	5.7	1.12	32 (*R*,*R*)
3	*N*-Melm	1/1/1000	4	88	9.2	1.13	3 (*S*,*S*)
4	DMAP	1/2/1000	4	71	6.7	1.12	6 (*R*,*R*)
5	MTBD	1/2/1000	4	60	6.2	1.18	4 (*S*,*S*)
6	*H*-Telm	1/2/1000	4	28	2.8	1.15	2 (*S*,*S*)
7	*M*-Telm	1/2/1000	4	89	8.6	1.11	11 (*S*,*S*)
8	*P*-Telm	1/2/1000	4	115	12.4	1.17	28 (*S*,*S*)

注:反应温度为 25 ℃,CO_2压力是 2.0 MPa。

应用(*S*,*S*,*S*,*S*)-**Ia** 的配合物和图 6.2.14 所示的有机碱,催化 CO_2/CHO 交替共聚反应,表 6.2.5 是其催化结果。在不加入助剂的条件下,(*S*,*S*,*S*,*S*)-**Ia** 催化 CO_2/CHO 共聚的 TOF 为 194 h^{-1},将聚碳酸酯进行水解,测试得到的二醇 *ee* 值为 33% (*S*,*S*)(表 6.2.5, 序号 1)。首先应用配位能力强、位阻低的 *N*-Melm 和双金属钴配合物共催化 CO_2/CHO 共聚反应,加入二倍的 *N*-Melm,反应的活性从 194 h^{-1}降低到 46 h^{-1},非常有意思的是,共聚反应得到了 *ee* 值为 32%(*R*,*R*)的聚碳酸酯,此催化结果与单金属钴配合物 **IIa** 相近,但是,加入一倍量的 *N*-Melm,共聚反应的 *ee* 值仅为 3%,这说明 *N*-Melm 在与两个金属钴进行配位时,其加入量会导致配位方式的差异(表 6.2.5, 序号 2 和 3)。应用强配位的 DMAP 为助催化剂，结果与 *N*-Melm 基本一致（表 6.2.5，序号 4）。为了增加有机碱的位阻，选用位阻更大的有机碱 *H*-Telm，*M*-Telm 和 *P*-Telm 以及 MTBD 与（*S*，*S*，*S*，*S*）-**Ia** 催化 CO_2/CHO 不对称交替共聚，研究表明，虽然随着有机碱 2－位位阻的增加，CO_2/CHO 共聚反应的活性和立体选择性略有提高，但是，共聚反应的立体选择性最高仅为 28%，低于不加入助剂的情况，这说明，有机碱助剂并没有完全抑制链增长在腔外进行（表 6.2.5，序号 6-8）。为了更加详细说明强配位型有机碱（*N*-Melm）和大位阻有机碱（*P*-Telm）与双金属钴配合物配位时的情况，进行了 ^{1}H NMR 和 ESI-MS 的研究。

为了降低轴向基团的亲核性对配位的影响，选用没有亲核性的六氟磷酸根为轴向基团的配合物 **IIe** 为模式化合物。由于 Co（Ⅲ）-Salen 配合物在非配位的氘代试剂中的核磁信号顺磁，在加入强配位能力的有机试剂（如 DMSO，*N*-Melm 等）后，其会与 Co（Ⅲ）形成稳定的配位产物，Co（Ⅲ）-Salen 配合物顺磁信号消失，因此，可以通过核磁信号对配位产物的结构进行分析。因为 *N*-Melm 的强配位能力，即使体系加入一倍量的 *N*-Melm，其仍会与 Co（Ⅲ）形成稳定的二配位产物［mleM-*N*＋**IIe**＋*N*-Melm］，很难形成一配位产物［**IIe** ＋*N*-Melm］，核磁信号的归属证实了此稳定性二配位产物的形成（图 6.2.15），同样，ESI-MS 也支持了这样的观点，在加入一倍量的 *N*-Melm 时，发现 m/z 为 767 的［**IIe**-PF_6^- ＋2*N*-Melm］$^+$ 二配位产物和 m/z 为 603 的三价钴离子［**IIe**－PF_6^- ］$^+$，而没有检测到［**IIe**－PF_6^- ＋*N*－Melm］$^+$ 一配位产物，增加 *N*-Melm 的量，主要

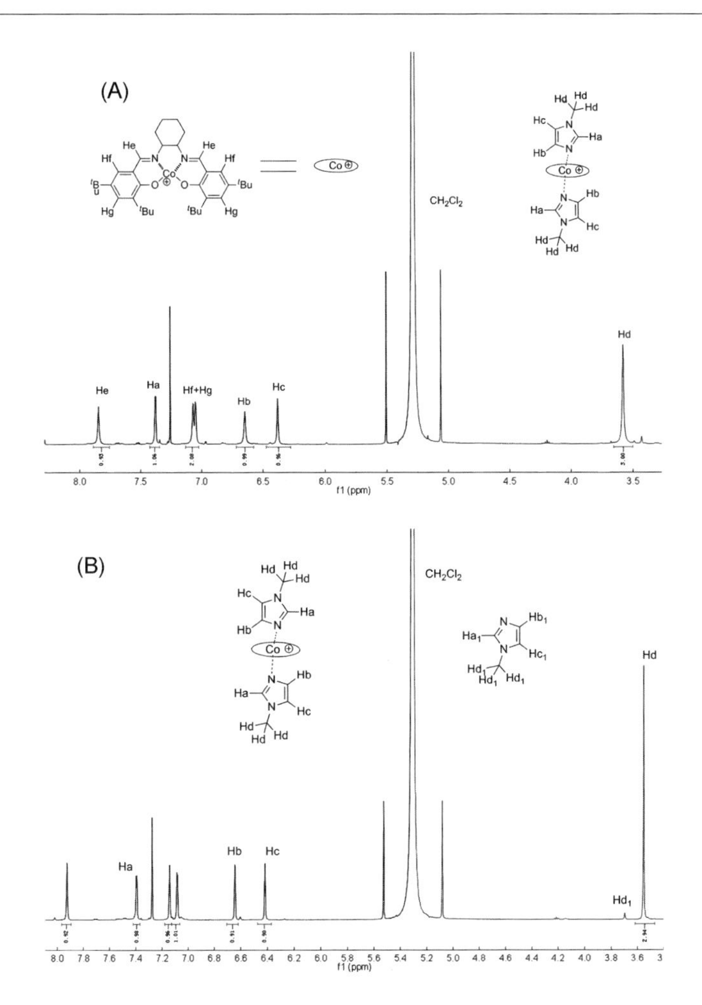

图 6.2.15 (A)**IIe** 和一倍量 *N*-Melm 的二氯甲烷溶液的^{1}H NMR 图；
(B)**IIe** 和二倍量 *N*-Melm 的二氯甲烷溶液的^{1}H NMR 图

Fig. 6.2.15 (A) ^{1}H NMR of **IIe** in presence of 1 equiv of *N*-Melm and (B) 2 equiv of *N*-Melm in CH_2Cl_2 in $CDCl_3$

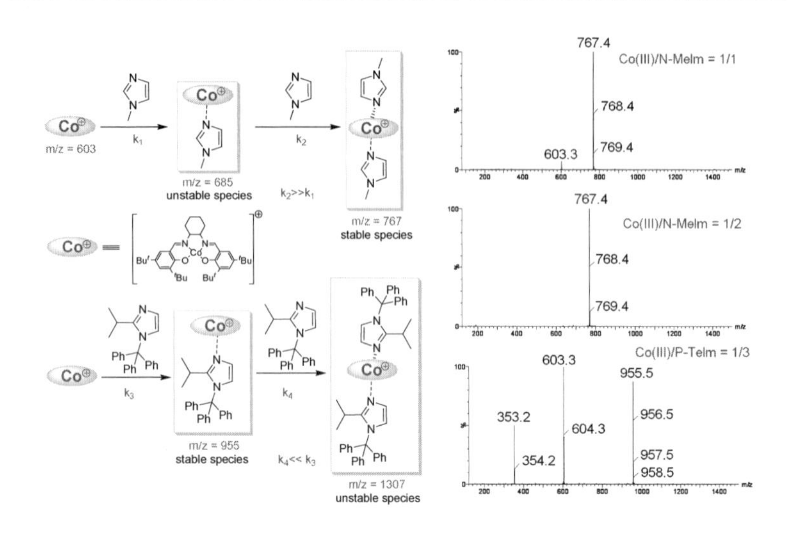

图 6.2.16　*N*-Melm 和 *P*-Telm 与模式化合物 **IIe** 的配位方式

Fig. 6.2.16　Difference coordination mode to model complex **IIe** of *N*-Melm and *P*-Telm

形成二配位产物。但是对于大位阻的有机碱 *P*-Telm，当加入一倍量的 *P*-Telm，m/z 为 603 和 955 分别归属为未配位产物[**IIe**－PF_6^-]$^+$和一配位产物[**IIe**－PF_{6-}＋*P*-Telm]$^+$，此外，还检测到了未参与配位的[*P*-Telm＋H]$^+$（m/z ＝ 353）。即使体系加入二倍甚至三倍的 *P*-Telm，仍存在未配位的钴[**IIe**－PF_6^-]$^+$和有机碱[*P*-Telm＋H]$^+$，以及一配位产物[**IIe**－PF_6^-＋*P*-Telm]$^+$，并没有检测到 m/z 为 1307 的两配位产物[**IIe**－PF_6^-＋2*P*－Telm]$^+$的形成，这说明，由于 *P*-Telm 的大位阻，导致其配位能力很弱，很难与 **IIe** 形成二配位产物，这与 *N*-Melm 是完全相反的(图 6.2.16)。所以，

对于强配位的 *N*-Melm 对 Co(Ⅲ)的配位，速率 $k_2>>k_1$，很容易形成二配位产物，但是对大位阻的 *P*-Telm 的配位则完全相反，速率 $k_2<<k_1$，容易形成一配位产物。

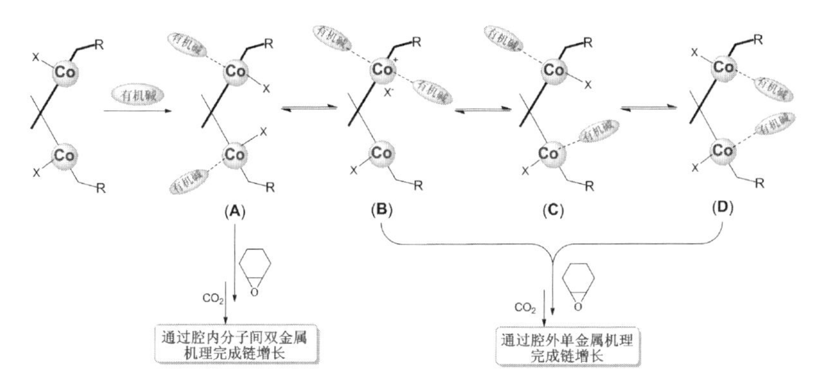

图 6.2.17　*N*-Melm 和 *P*-Telm 与双金属钴配合物的配位方式

Fig. 6.2.17　Difference coordination mode to dinuclear Co(Ⅲ) complex of *N*-Melm and *P*-Telm

由于双金属钴配合物的空间结构决定了有机碱在腔内外的配位情况有很大差异，当加入二倍的有机碱，其与金属钴的配位情况主要有四种形式，只有 A 所示的配位方式会促进发生在催化剂腔内的双金属协同过程，用(*S*,*S*,*S*,*S*)－催化剂会得到(*S*,*S*)－过量的聚碳酸酯，此结果已经得到理论计算的支持。而对于 B,C 和 D 的配位方式，由于催化剂腔内存在配位的有机碱，都会抑制双金属协同作用，导致反应以单金属的方式在腔外进行，用(*S*,*S*,*S*,*S*)－催化剂会得到(*R*,*R*)－过量的聚碳酸酯，这与单金属的不对称诱导方向是一致的。当加入二倍量的强配位能力和低位阻的 *N*-Melm，主要形成一个 Co(Ⅲ)配位两个 *N*-Melm(B)，而不是两个 *N*-Melm

全部在外侧配位(A),由于 B 物种很难通过分子内协同完成链增长,共聚反应只能以单金属机理进行,那么其立体诱导方向和单核钴配合物类似,故得到(R,R)一过量的聚合物。但是加入一倍量的 N-Melm,情况就变得更加复杂,很难确定哪一种配位形式为主,立体诱导效果很差。但是,对于大位阻的 P-Telm 则因其空间效应很难实现其在腔内配位,主要形成腔外配位的产物(A),但是,由于其本身的配位能力很弱,很容易被增长的聚合物链或者配位的环氧烷烃替换掉,所以,其催化结果和(S,S,S,S)-**Ia** 单独催化共聚反应相类似(图 6.2.17)。虽然通过加入有机碱助剂的方式提高立体选择性的效果不明显,但是这也间接说明,有机碱的加入可以改变环氧烷烃与金属钴配位的环境,实现腔内双金属机理和腔外单金属机理的调控。

6.3 本章小结

在单晶衍射和动力学实验的基础上,作者提出了链增长模型,即腔内双金属与腔外单金属竞争链增长机理,并且,双金属与单金属机理具有相反的立体选择性。利用密度泛函计算从理论上解释了取代基对反应活性和立体选择性的影响以及反应立体选择性方向和不对称诱导来源等问题。阐述了离子型助剂、溶剂对反应立体选择性影响的原理,优化了最佳的共聚反应条件,通过控制有机碱助剂的加入量,可以改变环氧烷烃与双金属钴配位的环境,实现了双金属和单金属机理的转化。

参考文献

[1] Hodgson D M, Gibbs A R, Lee G P. Enantioselective desymmetrization of achiral epoxides [J]. Tetrahedron, 1996, 52(46):14361-14384.

[2] Baugh L S, Canich J A M. Stereoselective polymerization with single-site catalysts [M]. New York:CRC Press, 2008:627-644.

[3] 王献红，王佛松. 二氧化碳的固定和利用 [M]. 北京:化学工业出版社，2011.

[4] 何良年. 二氧化碳化学 [M]. 北京:科学出版社，2013.

[5] Yamashita H, Mukaiyama T. Asymmetric ring-opening of cyclohexene oxide with various thiols catalyzed by zinc Lg-tartrate [J]. Chemistry Letters, 1985, 14(11):1643-1646.

[6] Ager D J, Prakash I, Schaad D R. 1,2-Amino alcohols and their heterocyclic derivatives as chiral auxiliaries in asymmetric synthesis [J]. Chemical Reviews, 1996, 96(2):835-876.

[7] Nugent W A. Chiral lewis acid catalysis enantioselective addition of azide to *meso*-epoxides [J]. Journal of the American Chemical Society, 1992, 114(7):2768-2769.

[8] McCleland B W, Nugent W A, Finn M G. Mechanistic studies of the zirconium-triisopropanolamine-catalyzed enantioselective addition of azide to cyclohexene oxide [J]. The Journal of Organic Chemistry, 1998, 63(19):6656-6666.

[9] Nugent W A. Desymmetrization of *meso*-epoxides with halides: a new catalytic reaction based on mechanistic insight [J]. Journal of the American Chemical Society, 1998, 120(28):7139-7140.

[10] Zhang W, Loebach J L, Wilson S R, *et al*. Enantioselective epoxidation of unfunctionalized olefins catalyzed by (salen)manganese complexes [J]. Journal of the American Chemical Society, 1990, 112(7): 2801-2803.

[11] Zhang W, Jacobsen E N. Asymmetric olefin epoxidation with sodium hypochlorite catalyzed by easily prepared chiral Mn(III) salen complexes [J]. The Journal of Organic Chemistry, 1991, 56(7):2296-2298.

[12] Jacobsen E N, Zhang W, Güler M L. Electronic tuning of asymmetric catalysts [J]. Journal of the American Chemical Society, 1991, 113 (17):6703-6704.

[13] Martínez L E, Leighton J L, Carsten D H, *et al*. Highly enantioselective ring opening of epoxides catalyzed by (salen)Cr(III) complexes [J]. Journal of the American Chemical Society, 1995, 117(21): 5897-5898.

[14] Schaus S E, Larrow J F, Jacobsen E N. Practical synthesis of enantiopure cyclic 1,2-amino alcohols via catalytic asymmetric ring opening of *meso*-epoxides [J]. The Journal of Organic Chemistry, 1997, 62(12): 4197-4199.

[15] Jacobsen E N. Asymmetric catalysis of epoxide ring-opening reactions [J]. Accounts of Chemical Research, 2000, 33(6):421-431.

[16] Konsler R G, Karl J, Jacobsen E N. Cooperative asymmetric catalysis with dimeric salen complexes [J]. Journal of the American Chemical Society, 1998, 120(41):10780-10781.

[17] Meguro M, Asao N, Yamamoto Y. Ytterbium triflate and high pressure-mediated ring opening of epoxides with amines [J]. Journal of the Chemical Society, Perkin Transactions 1, 1994, 0(18):2597-2601.

[18] Hou X L, Wu J, Dai L X, *et al*. Desymmetric ring-opening of *meso*-epoxides with anilines:a simple way to chiral β-amino alcohols [J]. Tetrahedron:Asymmetry, 1998, 9(10):1747-1752.

[19] Schneider C, Sreekanth A R, Mai E. Scandium-bipyridine-catalyzed enantioselective addition of alcohols and amines to *meso*-epoxides [J]. Angewandte Chemie International Edition, 2004, 43(42):5691-5694.

[20] Plancq B, Ollevier T. Iron(II)-catalyzed enantioselective *meso*-epoxide-opening with anilines [J]. Chemical Communications, 2012, 48(32): 3806-3808.

[21] Arai K, Lucarini S, Salter M M, *et al*. The development of scalemic multidentate niobium complexes as catalysts for the highly stereoselective ring opening of *meso*-epoxides and *meso*-aziridines [J]. Journal of the American Chemical Society, 2007, 129(26):8103-8111.

[22] Hertweck C, Sebek P, Svatos A. A highly efficient and versatile synthesis of D- and L-erythro-sphinganine [J]. Synlett, 2001, 2001(12): 1965-1967.

[23] Kwon S J, Ko S Y. Synthesis of statine employing a general *syn*-amino

alcohol building block [J]. Tetrahedron Letters, 2002, 43 (4): 639-641.

[24] Inaba T, Birchler A G, Yamada Y, *et al*. A practical synthesis of nelfinavir, an HIV-protease inhibitor, using a novel chiral C4 building block: (5*R*, 6*S*)-2, 2-dimethyl-5-hydroxy-1, 3-dioxepan-6-ylammonium acetate [J]. The Journal of Organic Chemistry, 1998, 63 (22): 7582-7583.

[25] Inaba T, Yamada Y, Abe H, *et al*. (1*S*)-1-[(4*R*)-2,2-dimethyl-1,3-dioxolan-4-yl]-2 -hydroxyethylammonium benzoate, a versatile building block for chiral 2-aminoalkanols: concise synthesis and application to nelfinavir, a potent HIV-protease inhibitor [J]. The Journal of Organic Chemistry, 2000, 65(6):1623-1628.

[26] Bao H. Zhou J. Wang Z, *et al*. Insight into the mechanism of the asymmetric ring-opening aminolysis of 4,4-dimethyl-3,5,8-trioxabicyclo[5. 1. 0]octane catalyzed by Titanium/BINOLate/water system: evidence for the Ti(BINOLate)$_2$-bearing active catalyst entities and the role of water [J]. Journal of the American Chemical Society, 2008, 130(31):10116-10127.

[27] Bao H, Wu J, Li H, *et al*. Enantioselective ring opening reaction of *meso*-epoxides with aromatic and aliphatic amines catalyzed by magnesium complexes of BINOL derivatives [J]. European Journal of Organic Chemistry, 2010,2010(35):6722-6726.

[28] Cole B M, Shimizu K D, Krueger C A, et al. Discovery of chiral cata-

lysts through ligand diversity: Ti-catalyzed enantioselective addition of TMSCN to *meso*-epoxides [J]. Angewandte Chemie International Edition in English, 1996, 35(15):1668-1671.

[29] Shimizu K D, Cole B M, Krueger C A, *et al*. Search for chiral catalysts through ligand diversity: substrate-specific catalysts and ligand screening on solid phase [J]. Angewandte Chemie International Edition in English, 1997, 36(16):1704-1707.

[30] Schaus S E, Jacobsen E N. Asymmetric ring opening of *meso*-epoxides with TMSCN catalyzed by (pybox) lanthanide complexes [J]. Organic Letters, 2000, 2(7):1001-1004.

[31] Mizuno M, Kanai M, Iida A, *et al*. Chiral ligand controlled enantioselective opening of oxirane and oxetane [J]. Tetrahedron Asymmetry, 1996, 7(9):2483-2484.

[32] Mizuno M, Kanai M, Iida A, *et al*. An external chiral ligand controlled enantioselective opening of oxirane and oxetane by organolithiums [J]. Tetrahedron, 1997, 53(31):10699-10708.

[33] Oguni N, Miyagi Y, Itoh K. Highly enantioselective arylation of symmetrical epoxides with phenyllithium promoted by chiral schiff bases and salens [J]. Tetrahedron Letters, 1998, 39(49):9023-9026.

[34] Spencer J, Gramlich V, Hausel R, *et al*. Synthesis of P,S,O-ligands incorporating a planar chiral ferrocenyl motif [J]. Tetrahedron Asymmetry, 1996, 7(1):41-44.

[35] Wu M H, Jacobsen E N. Asymmetric ring opening of *meso*-epoxides

with thiols: enantiomeric enrichment using a bifunctional nucleophile [J]. The Journal of Organic Chemistry, 1998, 63(15):5252-5254.

[36] Iida T, Yamamoto N, Sasai H, *et al*. New asymmetric reactions using a gallium complex: a highly enantioselective ring opening of epoxides with thiols catalyzed by a gallium • lithium • bis(binaphthoxide) complex [J]. Journal of the American Chemical Society, 1997, 119(20): 4783-4784.

[37] Joshi N N, Srebnik M, Brown H C. Enantioselective ring cleavage of *meso*-epoxides with B-halodiisopinocampheylboranes [J]. Journal of the American Chemical Society, 1988, 110(18):6246-6248.

[38] Hagmann W K. The many roles for fluorine in medicinal chemistry [J]. Journal of Medicinal Chemistry, 2008, 51(15):4359-4369.

[39] Müller K, Faeh C, Diederich F. Fluorine in pharmaceuticals: looking beyond intuition [J]. Science, 2007, 317(5846):1881-1886.

[40] Purser S, Moore P R, Swallow S, *et al*. Fluorine in medicinal chemistry [J]. Chemical Society Reviews, 2008, 37(2):320-330.

[41] Kalow J A, Doyle A G. Enantioselective ring opening of epoxides by fluoride anion promoted by a cooperative dual-catalyst system [J]. Journal of the American Chemical Society, 2010, 132(10):3268-3269.

[42] Kalow J A, Doyle A G. Mechanistic investigations of cooperative catalysis in the enantioselective fluorination of epoxides [J]. Journal of the American Chemical Society, 2011, 133(40):16001-16012.

[43] Tokunaga M, Larrow J F, Kakiuchi F, *et al*. Asymmetric catalysis

with water: efficient kinetic resolution of terminal epoxides by means of catalytic hydrolysis [J]. Science, 1997, 277(5328): 936-938.

[44] Jacobsen E N, Kakiuchi F, Konsler R G, *et al*. Enantioselective catalytic ring opening of epoxides with carboxylic acids [J]. Tetrahedron Letters, 1997, 38(5): 773-776.

[45] Ready J M, Jacobsen E N. Highly active oligomeric (salen) Co catalysts for asymmetric epoxide ring-opening reactions [J]. Journal of the American Chemical Society, 2001, 123(11): 2687-2688.

[46] Ready J M, Jacobsen E N. A practical oligomeric [(salen)Co] catalyst for asymmetric epoxide ring-opening reactions [J]. Angewandte Chemie International Edition, 2002, 41(8): 1374-1377.

[47] Iida T, Yamamoto N, Matsunaga S, *et al*. Enantioselective ring opening of epoxides with 4-methoxyphenol catalyzed by gallium heterobimetallic complexes: an efficient method for the synthesis of optically active 1,2-diol monoethers [J]. Angewandte Chemie International Edition, 1998, 37(16): 2223-2225.

[48] Matsunaga S, Das J, Roels J. Catalytic enantioselective *meso*-epoxide ring opening reaction with phenolic oxygen nucleophile promoted by gallium heterobimetallic multifunctional complexes [J]. Journal of the American Chemical Society, 2000, 122(10): 2252-2260.

[49] Yang M, Zhu C, Yuan F, *et al*. Enantioselective ring-opening reaction of *meso*-epoxides with ArSeH catalyzed by heterometallic Ti-Ga-Salen system [J]. Organic Letters, 2005, 7(10): 1927-1930.

[50] Tschöp A, Nandakumar M V, Pavlyuk O, *et al*. Scandium-bipyridine-catalyzed, enantioselective selenol addition to aromatic *meso*-epoxides [J]. Tetrahedron Letters, 2008, 49(6):1030-1033.

[51] Schnell H. Chemistry and physics of polycarbonates [M]. John Wiley, New York, 1964.

[52] Tsai W T. Human health risk on environmental exposure to bisphenol-A [J]. Journal of Environmental Science and Health. Part C, 2006, 24 (2):225-255.

[53] Markey C M, Wadia P R, Rubin B S, *et al*. Long-term effects of fetal exposure to low doses of the xenoestrogen bisphenol-A in the female mouse genital tract [J]. Biology of Reproduction, 2005, 72(6): 1344-1351.

[54] Coates G W, Moore D R. Discrete metal-based catalysts for the copolymerization of CO_2 and epoxides:discovery, reactivty, optimization, and mechanism [J]. Angewandte Chemie International Edition, 2004, 43 (48):6618-6639.

[55] Darensbourg D J, Mackiewicz R M, Phelps A L, *et al*. Copolymerization of CO_2 and epoxides catalyzed by metal salen complexes [J]. Accounts of Chemical Research, 2004, 37(11):836-844.

[56] Sugimoto H, Inoue S. Copolymerization of carbon dioxide and epoxide [J]. Journal of Polymer Science Part A:Polymer Chemistry, 2004, 42 (22):5561-5573.

[57] Chishiolm M H, Zhou Z P. New generation polymers:the role of metal

alkoxides as catalysts in the production of polyoxygenates [J]. Journal of Materials Chemistry, 2004, 14(21):3081-3092.

[58] Darensbourg D J. Making plastics from carbon dioxide: Salen metal complexes as catalysts for the production of polycarbonates from epoxides and CO_2[J]. Chemical Reviews, 2007, 107(6):2388-2410.

[59] Luinstra G A. Poly(propylene carbonate), old copolymers of propylene oxide and carbon dioxide with new interests: catalysis and material properties [J]. Polymer Reviews, 2008, 48(1):192-219.

[60] Kember M R, Buchard A, Williams C K. Catalysts for CO_2/epoxide copolymerization [J]. Chemical Communications, 2011, 47(1): 141-163.

[61] Klaus S, Lehenmeier M W, Anderson C E, *et al*. Recent advances in CO_2/epoxide copolymerization-new strategies and cooperative mechanisms [J]. Coordination Chemistry Reviews, 2011, 255(13-14): 1460-1479.

[62] Lu X B, Darensbourg D J. Cobalt catalysts for the coupling of CO_2 and epoxides to provide polycarbonates and cyclic carbonates [J]. Chemical Society Reviews, 2012, 41(3):1462-1484.

[63] Lu X B, Ren W M, Wu G P. CO_2 Copolymers from epoxides: catalyst activity, product selectivity, and stereochemistry control [J]. Accounts of Chemical Research, 2012, 45(10):1721-1735.

[64] Pang H, Liao B, Huang Y H, *et al*. The recent progress in the application research of poly(propylene carbonate) [J]. Chinese Journal of

Applied Chemistry, 2001, 18(5):347-350.

[65] Thorat S D, Phillips P J, Semenov V, *et al*. Physical properties of aliphatic polycarbonates made from CO_2 and epoxides [J]. Journal of Applied Polymer Science, 2003, 89(5):1163-1176.

[66] Czaplewski D A, Kameoka J, Mathers R, *et al*. Nanofluidic channels with elliptical cross sections formed using a nonlithographic process [J]. Applied Physics Letters, 2003, 83(23):4836-4838.

[67] Qin Y, Wang X. Carbon dioxide-based copolymers:environmental benefits of PPC, an industrially viable catalyst [J]. Biotechnology Journal, 2010, 5(11):1164-1180.

[68] Inoue S, Koinuma H, Tsuruta T. Copolymerization of carbon dioxide and epoxide [J]. Journal of Polymer Science Polymer Letters, 1969, 7(4):287-292.

[69] Inoue S, Koinuma H, Tsuruta T. Copolymerization of carbon dioxide and epoxide with organometallic compounds [J]. Die Makromolekulare Chemie, 1969, 130(1):210-220.

[70] Gorecki P, Kuran W. Diethyl zinc-trihydric phenol catalysts for copolymerization of carbon dioxide and propylene oxide: activity in copolymerization and copolymer destruction processes [J]. Journal of Polymer Science Part C:Polymer Letters, 1985, 23(6):299-304.

[71] Ree M, Bae J Y, Jung J H, *et al*. A new copolymerization process leading to poly(propylene carbonate) with a highly enhanced yield from carbon dioxide and propylene oxide [J]. Journal of Polymer Science

Part A:Polymer Chemistry, 1999, 37(12):1863-1876.

[72] Yang S Y, Fang X G, Chen L B. Biodegradability of CO_2 copolymers synthesized by using macromolecule-bimetal catalysts [J]. Polymers for Advanced Technologies, 1996, 7(8):605-608.

[73] Chen S, Qi G R, Hua Z J, *et al*. Double metal cyanide complex based on $Zn_3[Co(CN)_6]_2$ as highly active catalyst for copolymerization of carbon dioxide and cyclohexene oxide [J]. Journal of Polymer Science Part A:Polymer Chemistry, 2004, 42(20):5284-5291.

[74] Tan C S, Hsu T J. Alternating copolymerization of carbon dioxide and propylene oxide with a rare-earth-metal coordination catalyst [J]. Macromolecules, 1997, 30(11):3147-3150.

[75] Quan Z L, Wang X H, Zhao X J, *et al*. Copolymerization of CO_2 and propylene oxide under rare earth ternary catalyst:design of ligand in yttrium complex [J]. Polymer, 2003, 44(19):5605-5610.

[76] Takeda N, Inoue S. Polymerization of 1,2-epoxypropane and copolymerization with carbon dioxide catalyzed by metalloporphyrins [J]. Die Makromolekulare Chemie, 1978, 179(5):1377-1381.

[77] Darensbourg D J, Holtcamp M W. Catalytic activity of zinc(II) phenoxides which possess readily accessible coordination sites, copolymerization and terpolymerization of epoxides and carbon dioxide [J]. Macromolecules, 1995, 28(22):7577-7579.

[78] Darensbourg D J, Holtcamp M W, Struck G E, *et al*. Catalytic activity of a series of Zn(II) phenoxides for the copolymerization of epoxides

and carbon dioxide [J]. Journal of the American Chemical Society, 1999, 121(1):107-116.

[79] Darensbourg D J, Wildeson J R, Lewis S J, *et al*. Bis 2,6-difluorophenoxide dimeric complexes of zinc and cadmium and their phosphine adducts: lessons learned relative to carbon dioxide/cyclohexene oxide alternating copolymerization processes catalyzed by zinc phenoxides [J]. Journal of the American Chemical Society, 2000, 122(50): 12487-12496.

[80] Cheng M, Lobkovsky E B, Coates G W, *et al*. Catalytic reactions involving C1 feedstocks: new highly-activity Zn(II)-based catalysts for the alternating copolymerization of carbon dioxide and epoxide [J]. Journal of the American Chemical Society, 1998, 120(42): 11018-11019.

[81] Cheng M, Moore D R, Reczek J J, *et al*. Single-site-diiminate zinc catalysts for the alternating copolymerization of CO_2 and epoxides: catalyst synthesis and unprecedented polymerization activity [J]. Journal of the American Chemical Society, 2001, 123(36):8738-8749.

[82] Moore D R, Cheng M, Lobkovsky E B, *et al*. Electronic and steric effects on catalysts for CO_2/epoxide polymerization: subtle modification resulting in superior activities [J]. Angewandte Chemie International Edition, 2002, 41(14):2599-2602.

[83] Allen S D, Moore D R, Lobkovsky E B, *et al*. Highly-activity, single-site catalysts for the alternating copolymerization of CO_2 and propylene

oxide [J]. Journal of the American Chemical Society, 2002, 124(48): 14284-14285.

[84] Moore D R, Cheng M, Lobkovsky E B, *et al*. Mechanism of the alternating copolymerization of epoxides and CO_2 using-diiminate zinc catalysts:evidence for a bimetallic epoxide enchainment [J]. Journal of the American Chemical Society, 2003, 125(39):11911-11924.

[85] Lee B Y, Kwon H Y, Lee S Y, *et al*. Bimetallic anilido-aldimine zinc complexes for epoxide/CO_2 copolymerization [J]. Journal of the American Chemical Society, 2005, 127(9):3031-3037.

[86] Bok T, Yun H, Lee B Y. Bimetallic flourine-substituted anilido-aldimine zinc complexes for CO_2/(cyclohexene oxide) copolymerization [J]. Inorganic Chemistry, 2005, 45(10):4228-4237.

[87] Kember M R, Knight P D, Reung P T R, *et al*. Highly active dizinc catalyst for the copolymerization of carbon dioxide and cyclohexene oxide at one atmosphere pressure [J]. Angewandte Chemie International Edition, 2009, 48(5):931-933.

[88] Jutz F. Buchard A, Kember M R, *et al*. Mechanistic investigation and reaction kinetics of the low-pressure copolymerization of cyclohexene oxide and carbon dioxide catalyzed by a dizinc complex [J]. Journal of the American Chemical Society, 2011, 133(43):17395-17405.

[89] Kember M R, Williams C K. Efficient magnesium catalysts for the copolymerization of epoxides and CO_2:using water to synthesize polycarbonate polyols [J]. Journal of the American Chemical Society, 2012,

134(38):15676-15679.

[90] Lehenmeier M W, Kissling S, Altenbuchner P T, *et al*. Flexibly tethered dinuclear zinc complexes: a solution to the entropy problem in CO_2/epoxide copolymerization catalysis [J]. Angewandte Chemie International Edition, 2013, 52(37):9821-9826.

[91] Darensbourg D J, Yarbrough J C, Ortiz C, *et al*. Comparative kinetic studies of the copolymerization of cyclohexene oxide and propylene oxide with carbon dioxide in the presence of chromium salen derivatives. *in situ* FTIR measurements of copolymer vs cyclic carbonate production [J]. Journal of the American Chemical Society, 2003, 125(25): 7586-7591.

[92] Darensbourg D J, Yarbrough J C. Mechanistic aspects of the copolymerization reaction of carbon dioxide and epoxides, using a chiral salen chromium chloride catalyst [J]. Journal of the American Chemical Society, 2002, 124(22):6335-6342.

[93] Darensbourg D J, Mackiewicz R M, Rodgers J L, *et al*. (Salen)Cr(III) catalysts for the copolymerization of carbon dioxide and epoxide: role of the initiator and cocatalyst [J]. Inorganic Chemistry, 2004, 43(6): 1831-1933.

[94] Darensbourg D J, Mackiewicz R M, Rodgers J L, *et al*. Cyclohexene oxide/CO_2 copolymerization catalyzed by chromium(III) salen complexes and N-methylimidazole: effects of varying salen ligand substituents and relative cocatalyst loading [J]. Inorganic Chemistry, 2004, 43

(19):6024-6034.

[95] Darensbourg D J, Rodgers J L, Mackiewicz R M, *et al*. Probing the mechanistic aspects of the chromium salen catalyzed carbon dioxide/epoxide copolymerization process using in situ ATR/FTIR [J]. Catalysis Today, 2004, 98(4):485-492.

[96] Darensbourg D J, Phelps A L. Effective, selective coupling of propylene oxide and carbon dioxide to poly (propylene carbonate) using (salen) CrN_3 catalysts [J]. Inorganic Chemistry, 2005, 44 (1): 4622-4629.

[97] Darensbourg D J, Mackiewicz R M, Billodeaux D R, *et al*. Pressure dependence of the carbon dioxide/cyclohexene oxide coupling reaction catalyzed by chromium salen complexes. optimization of the comonomer-alternating enchainment pathway [J]. Organometallics, 2005, 24(1): 144-148.

[98] Darensbourg D J, Mackiewicz R M. Role of the cocatlyst in the copolymerization of CO_2 and cyclohexene utilizing chromium salen complexes [J]. Journal of the American Chemical Society, 2005, 127(40):14026-14038.

[99] Rao D Y, Li B, Zhang R, *et al*. Binding of 4-(N,N-dimethylamino) pyridine to salen- and salan-Cr(III) cations:a mechanistic understanding on the difference in their catalytic activity for CO_2/epoxide copolymerization [J]. Inorganic Chemistry, 2009, 48(7):2830-2836.

[100] Li B, Wu G P, Ren W M, *et al*. Asymmetric, regio- and stereo-se-

lective alternating copolymerization of CO_2 and propylene oxide catalyzed by chiral chromium salan complexes [J]. Journal of Polymer Science Part A:Polymer Chemistry, 2008, 46(18):6102-6113.

[101] Darensbourg D J, Ulusoy M, Karroonnirum Osit, *et al*. Highly selective and reactive (salan)CrCl catalyst for the copolymerization and block copolymerization of epoxides with carbon dioxide [J]. Macromolecules, 2009, 42(18):6992-6998.

[102] Nakano K, Nakamura M, Nozaki K. Alternating copolymerization of cyclohexene oxide with carbon dioxide catalyzed by (salalen) CrCl complexes [J]. Macromolecules, 2009, 42(18):6972-6980.

[103] Qin Z Q, Thomas C M, Lee S, *et al*. Cobalt-based complexes for the copolymerization of propylene oxide and CO_2: active and selective catalysts for polycarbonate synthesis [J]. Angewandte Chemie International Edition, 2003, 42(44):5484-5487.

[104] Lu X B, Wang Y. High activity, binary catalyst systems for the alternating copolymerization of CO_2 and epoxides under mild conditions [J]. Angewandte Chemie International Edition, 2004, 43(27):3574-3577.

[105] Lu X B, Shi L, Wang Y M, *et al*. Design of highly active binary catalyst systems for CO_2/epoxide copolymerization: polymer selectivity, enantioselectivity, and stereochemistry control [J]. Journal of the American Chemical Society, 2006, 128(5):1664-1674.

[106] Nakano K, Kamada T, Nozaki K. Selective formation of polycarbon-

ate over cyclic carbonate: copolymerization of epoxides with carbon dioxide catalyzed by a cobalt(III) complex with a piperidinium end-capping arm [J]. Angewandte Chemie International Edition, 2006, 45 (43): 7274-7277.

[107] Noh E K, Na S J, S S, *et al*. Two components in a molecule: highly efficient and thermally robust catalytic system for CO_2/epoxide copolymerization [J]. Journal of the American Chemical Society, 2007, 129(26): 8082-8083.

[108] Sujith S, Seong J E, *et al*. A highly active and recyclable catalytic system for CO_2/propylene oxide copolymerization [J]. Angewandte Chemie International Edition, 2008, 47(38): 7306-7309.

[109] Na S J, S S, Cyriac A, *et al*. Elucidation of the structure of a highly active catalytic system for CO_2/epoxide copolymerization: a salen-cobaltate complex of an unusual binding mode [J]. Inorganic Chemistry, 2009, 48(21): 10455-10465.

[110] Ren W M, Liu Z W, Wen Y Q, *et al*. Mechanistic aspects of the copolymerization of CO_2 with epoxides using a thermally stable single-site cobalt(III) catalyst [J]. Journal of the American Chemical Society, 2009, 131(32): 11509-11518.

[111] Nozaki K, Nakano K, Hiyama T. Optically active polycarbonates: asymmetric alternating copolymerization of cyclohexene oxide and carbon dioxide [J]. Journal of the American Chemical Society, 1999, 121 (47): 11008-11009.

[112] Nakano K, Nozaki K, Hiyama T. Asymmetric alternating copolymerization of cyclohexene oxide and CO_2 with dimeric zinc complexes [J]. Journal of the American Chemical Society, 2003, 125 (18): 5501-5510.

[113] Nakano K, Hiyama T, Nozaki K. Asymmetric amplication in asymmetric alternating copolymerization of cyclohexene oxide and carbon dioxide [J]. Chemical Communications, 2005, 0(14):1871-1873.

[114] Cheng M, Darling N A, Lobkovsky E, *et al*. Enantiomerically-enriched organic reagents via polymer synthesis:enantioselective copolymerization of cycloalkene oxides and CO_2 using homogeneous, zinc-based catalysts [J]. Chemical Communications, 2000, 0 (20): 2007-2008.

[115] Xiao Y L, Wang Z, Ding K L. Copolymerization of cyclohexene oxide with CO_2 by using intramolecular dinuclear zinc catalysts [J]. Chemistry - A European Journal, 2005, 11(12):3668-3678.

[116] Nishioka K, Goto H, Sugimoto H. Dual catalyst system for asymmetric alternating copolymerization of carbon dioxide and cyclohexene oxide with chiral aluminum complexes:lewis base as catalyst activator and lewis acid as monomer activator [J]. Macromolecules, 2012, 45 (20):8172-8192.

[117] Shi L, Lu X B, Zhang R, *et al*. Asymmetric alternating copolymerization and terpolymerization of epoxides with carbon dioxide at mild conditions [J]. Macromolecules, 2006, 39(17):5679-5685.

[118] Cohen C T, Thomas C M, Peretti K L, *et al*. Copolymerization of cyclohexene oxide and carbon dioxide using (salen)Co(Ⅲ) complexes: synthesis and characterization of syndiotactic poly(cyclohexene carbonate) [J]. Dalton Transactions, 2006, 0(1):237-249.

[119] Wu G P, Ren W M, Luo Y, *et al*. Enhanced asymmetric induction for the copolymerization of CO_2 and cyclohexene oxide with unsymmetric enantiopure SalenCo(Ⅲ) complexes: synthesis of crystalline CO_2-based polycarbonate [J]. Journal of the American Chemical Society, 2012, 134(12):5682-5688.

[120] Vagin S I, Reichardt R, Klaus S, *et al*. Conformationally flexible dimeric salphen complexes for bifunctional catalysis [J]. Journal of the American Chemical Society, 2010, 132(41):14367-14369.

[121] Nakano K, Hashimotoa S, Nozaki K. Bimetallic mechanism operating in the copolymerization of propylene oxide with carbon dioxide catalyzed by cobalt-salen complexes [J]. Chemical Science, 2010, 1(3):369-373.

[122] Kember M R, White A J P, Williams C K. Highly active di- and trimetallic cobalt catalysts for the copolymerization of CHO and CO_2 at atmospheric pressure [J]. Macromolecules, 2010, 43(5):2291-2298.

[123] Klaus S, Vagin S I, Lehenmeier M W, *et al*. Kinetic and mechanistic investigation of mononuclear and flexibly linked dinuclear complexes for copolymerization of CO_2 and epoxides [J]. Macromolecules, 2011, 44(24):9508-9516.

[124] Kember M R, Jutz F, Buchard A, *et al*. Di-cobalt(II) catalysts for the copolymerisation of CO_2 and cyclohexene oxide:support for a dinuclear mechanism [J]. Chemical Science, 2012, 3(4):1245-1255.

[125] Hirahata W, Thomas R M, Lobkovsky E B, *et al*. Enantioselective polymerization of epoxides:a highly active and selective catalyst for the preparation of stereoregular polyethers and enantiopure epoxides [J]. Journal of the American Chemical Society, 2008, 130 (52): 17658-17659.

[126] Widger P C B, Ahmed S M, Hirahata W, *et al*. Isospecific polymerization of racemic epoxides:a catalyst system for the synthesis of highly isotactic polyethers [J]. Chemical Communications, 2010, 46(17): 2935-2937.

[127] Thomas R M, Widger P C B, Ahmed S M, *et al*. Enantioselective epoxide polymerization using a bimetallic cobalt catalyst [J]. Journal of the American Chemical Society, 2010, 132(46):16520-16525.

[128] Zhang H C, Huang W S, Pu L. Biaryl-based macrocyclic and polymeric chiral (salophen) Ni(II) complexes:synthesis and spectroscopic study [J]. The Journal of Organic Chemistry, 2001, 66(2):481-487.

[129] 时磊. 二氧化碳与环氧烷烃的不对称、区域及立体选择性交替共聚[D]. 大连:大连理工大学, 2007.

[130] 伍广朋. 结晶性及功能化二氧化碳基高分子材料的制备 [D]. 大连:大连理工大学, 2012.

[131] 任伟民. CO_2共聚物合成:高活性SalenCo(Ⅲ)X催化剂设计及聚合反

应机理[D]. 大连:大连理工大学,2010.

[132] Darensbourg D, Fang C C, Rodgers J L. Catalytic coupling of carbon dioxide and 2,3-epoxy-1,2,3,4-tetrahydronaphthalene in the presence of a (salen)Cr^{III}Cl derivative [J]. Organometallics, 2004, 23(4):924-927.

[133] Ren W M, Zhang W Z, Lu X B. Highly regio- and stereo-selective co-polymerization of CO_2 with racemic propylene oxide catalyzed by unsymmetrical (*S*, *S*, *S*)-SalenCo(Ⅲ) Complexes [J]. Science China Chemistry, 2010, 53(8):1646-1652.

[134] Ren W M, Liu Y, Wu G P, *et al*. Stereoregular polycarbonate synthesis:alternating copolymerization of CO_2 with aliphatic terminal epoxides catalyzed by multichiral cobalt(III) complexes [J]. Journal of Polymer Science Part A: Polymer Chemistry, 2011, 49(22):4894-4901.

[135] Wu G P, Wei S H, Ren W M, *et al*. Alternating copolymerization of CO_2 and styrene oxide with Co(Ⅲ)-based catalyst systems:differences between styrene oxide and propylene oxide [J]. Energy & Environmental Science, 2011, 4(12):5084-5092.

[136] Coates G W. Precise control of polyolfin stereochemistry using single-site metal catalyst [J]. Chemical Reviews, 2000, 100(4):1223-1252.

[137] Quan Z, Min J Z, Zhou Q H, *et al*. Synthesis and properties of carbon dioxide-epoxides copolymers from rare earth metal catalyst [J]. Macromolecular Symposia, 2003, 195(1):281-286.

[138] Ren W M, Zhang X, Liu Y, *et al*. Highly active, bifunctional Co (Ⅲ)-salen catalyst for alternating copolymerization of CO_2 with cyclohexene oxide and terpolymerization with aliphatic epoxides [J]. Macromolecules, 2010, 43(3):1396-1402.

[139] Wu G P, Xu P X, Zu Y P, *et al*. Cobalt(III)-complex-mediated terpolymerization of CO_2, styrene oxide, and epoxides with an electron-donating group [J]. Journal of Polymer Science Part A: Polymer Chemistry, 2013, 51(4):874-879.

[140] Seong J E, Na S J, Cyriac A, *et al*. Terpolymerizations of CO_2, propylene oxide, and various epoxides using a cobalt(III) complex of salen-type ligand tethered by four quaternary ammonium salts [J]. Macromolecules, 2010, 43(2):903-908.

[141] Kim J G, Cowman C D, Lapointe A M, *et al*. Tailored living block copolymerization: multiblock poly(cyclohexene carbonate)s with sequence control [J]. Macromolecules, 2011, **44**(5):1110-1113.

[142] Nakano K, Hashimoto S, Nakamura M, *et al*. Stereocomplex of poly (propylene carbonate): synthesis of stereogradient poly(propylene carbonate) by regio- and enantioselective copolymerization of propylene oxide with carbon dioxide [J]. Angewandte Chemie International Edition, 2011, 50(21):4868-4871.

[143] Wu G P, Jiang S D, Lu X B, *et al*. Stereoregular poly(cyclohexene carbonate)s: unique crystallization behavior [J]. Chinese Journal of Polymer Science, 2012, 30(4):487-492.

[144] Ikada Y, Jamshidi K, Tsuji H, *et al*. Stereocomplex formation between enantiomeric poly(lactides) [J]. Macromolecules, 1987, 20(4):904-906.

[145] Anderson K S, Schreck K M, Hillmyer M A. Toughening polylactide [J]. Polymer Reviews, 2008, 48(1):85-108.

[146] Wu G P, Wei S H, Ren W M, *et al*. Perfectly alternating copolymerization of CO_2 and epichlorohydrin using cobalt(III)-based catalyst systems [J]. Journal of the American Chemical Society, 2011, 133(38):15191-15199.

[147] Wu G P, Xu P X, Lu X B, *et al*. Crystalline CO_2 copolymer from epichlorohydrin via Co(Ⅲ)-complex-mediated stereospecific polymerization [J]. Macromolecules, 2013, 46(6):2128-2133.

[148] Wu G P, Wei S H, Lu X B, *et al*. Highly selective synthesis of CO_2 copolymer from styrene oxide [J]. Macromolecules, 2010, 43(21):9202-9204.

[149] Wu G P, Zu Y P, Xu P X, *et al*. Microstructure analysis of a CO_2 copolymer from styrene oxide at the diad level [J]. Chemistry-An Asian Journal, 2013, 8(8):1854-1862.

[150] Ren W M, Liang M W, Xu Y C, *et al*. Trivalent cobalt complex mediated formation of stereoregular CO_2 copolymers from phenyl glycidyl ether [J]. Polymer Chemistry, 2013, 4(16):4425-4433.

[151] Darensbourg D J, Wilson S J. Synthesis of poly(indene carbonate) from indene oxide and carbon dioxide-a polycarbonate with a rigid

backbone [J]. Journal of the American Chemical Society, 2011, 133(46):18610-18613.

[152] Darensbourg D J, Wilson S J. Synthesis of CO_2-derived poly(indene carbonate) from indene oxide utilizing bifunctional cobalt(III) catalysts [J]. Macromolecules, 2013, 46(15):5929-5934.

[153] Zhang H, Grinstaff M W. Synthesis of atactic and isotactic poly(1,2-glycerol carbonate)s:degradable polymers for biomedical and pharmaceutical applications [J]. Journal of the American Chemical Society, 2013, 135(18):6806-6809.

[154] Geschwind J, Frey H. Poly(1,2-glycerol carbonate):a fundamental polymer structure synthesized from CO_2 and glycidyl ethers [J]. Macromolecules, 2013, 46(9):3280-3287.

[155] Gianni M H, Cody R, Asthana M R. The role of the generalized anomeric effect in the conformational analysis of 1,3-dioxacycloalkanes conformational analysis of 3,5-dioxabicyclo[5.1.0]octanes and 3,5,8-trioxabicyclo[5.1.0]octanes [J]. The Journal of Organic Chemistry, 1977, 42(2):365-367.

[156] Pavelyev R S, Gnevashev S G, Vafina R M, *et al*. Synthesis and antimycotic properties of hydroxy sulfides derived from *exo*- and *endo*-4-phenyl-3,5,8-trioxabicyclo[5.1.0]octanes [J]. Mendeleev Communications, 2012, 22(3):127-128.

[157] Ren W M, Wu G P, Lin F, *et al*. Role of the co-catalyst in the asymmetric coupling of racemic epoxides with CO_2 using multichiral Co(Ⅲ)

complexes: product selectivity and enantioselectivity [J]. Chemical Science, 2012, 3(6):2094-2102.

[158] Ren W M, Wang Y M, Zhang R, *et al*. Mechanistic aspects of metal valence change in SalenCo(Ⅲ)OAc-catalyzed hydrolytic kinetic resolution of racemic epoxides [J]. The Journal of Organic Chemistry, 2013, 78(10):4801-4810.

[159] Zhang Z, Wang Z, Zhang R, *et al*. An efficient titanium catalyst for enantioselective cyanation of aldehydes: cooperative catalysis [J]. Angewandte Chemie International Edition, 2010, 49(38):6746-6750.

[160] Cohen C T, Chu T, Coates G W. Cobalt catalysts for the alternating copolymerization of propylene oxide and carbon dioxide: combining high activity and selectivity [J]. Journal of the American Chemical Society, 2005, 127(31):10869-10878.

[161] Ahmed S M, Poater A, Ian Childers M, *et al*. Enantioselective polymerization of epoxides using biaryl-linked bimetallic cobalt catalysts: a mechanistic study [J]. Journal of the American Chemical Society, 2013, 135(50):18901-18911.

[162] Liu J, Ren W M, Liu Y, *et al*. Kinetic study on the coupling of CO_2 and epoxides catalyzed by Co(Ⅲ) complex with an inter- or intramolecular nucleophilic cocatalyst [J]. Macromolecules, 2013, 46(4):1343-1349.

[163] Mikami K, Terada M, Korenaga T, *et al*. Asymmetric activation [J]. Angewandte Chemie International Edition, 2000, 39(20):3532-3556.

[164] Mikami K, Terada M, Korenaga T, *et al*. Enantiomer-selective activation of racemic catalysts [J]. Accounts of Chemical Research, 2000, 33(6):391-401.

[165] Mikami K, Yamanaka M. Symmetry breaking in asymmetric catalysis:racemic catalysis to autocatalysis [J]. Chemical Reviews, 2003, 103(8):3369-3400.

[166] Faller J W, Lavoie A R, Parr J. Chiral poisoning and asymmetric activation [J]. Chemical Reviews, 2003, 103(8):3345-3368.

[167] Ding K, Du H, Yuan Y, *et al*. Combinatorial chemistry approach to chiral catalyst engineering and screening:rational design and serendipity [J]. Chemistry-A European Journal, 2004, 10(12):2872-2884.

[168] Luo Z B, Liu Q Z, Gong L Z, *et al*. Novel achiral biphenol-derived diastereomeric oxovanadium(iv) complexes for highly enantioselective oxidative coupling of 2-naphthols [J]. Angewandte Chemie International Edition, 2002, 41(23):4532-4535.

[169] Guo Q X, Wu Z J, Luo Z B, *et al*. Highly enantioselective oxidative couplings of 2-naphthols catalyzed by chiral bimetallic oxovanadium complexes with either oxygen or air as oxidant [J]. Journal of the American Chemical Society, 2007, 129(45):13927-13938.